徽派建筑
彩画传统
技　　艺

姚光钰
姚学军
姚龙飞

编　著

HUIPAI JIANZHU
CAIHUA CHUANTONG JIYI

GUANGXI NORMAL UNIVERSITY PRESS
广西师范大学出版社　桂林

图书在版编目（CIP）数据

徽派建筑彩画传统技艺 / 姚光钰，姚学军，姚龙飞编著. -- 桂林 ：

广西师范大学出版社，2024. 12. -- ISBN 978-7-5598-7431-3

Ⅰ. TU-851

中国国家版本馆 CIP 数据核字第 2024FZ8996 号

广西师范大学出版社出版发行

（广西桂林市五里店路 9 号　邮政编码：541004 ）

网址：http://www.bbtpress.com

出版人：黄轩庄

全国新华书店经销

广西昭泰子隆彩印有限责任公司印刷

（南宁市友爱南路 39 号　邮政编码：530001）

开本：787 mm × 1 092 mm　1/16

印张：12.75　　字数：215 千

2024 年 12 月第 1 版　　2024 年 12 月第 1 次印刷

定价：98.00 元

如发现印装质量问题，影响阅读，请与出版社发行部门联系调换。

目 录

自序

徽州古建筑在装饰上借助工匠之手，用"三雕"加彩画的语言，向人们演绎着"岳飞精忠报国""包公怒铡陈世美"等扬善贬恶的历史戏剧，又以吉星高照、人丁兴旺等美好向往为题材的彩绘壁画来装点人居环境。走进徽州古村落中，常见出生于旧时代贫寒家庭且不识字的老妇人，向儿孙讲述保家卫国、忠孝礼义、弃恶扬善的动人故事。她们很可能是看了徽州古建筑上的雕刻与壁画，这些内容就像是不识字的老人也能看懂的连环画。那是一座座开放的课堂，也是普及中华传统文化的传播园地，也是"三雕"、壁画得以世代相传并发展的重要因素。

画因屋存，屋借画盛。笔者也受徽州古建筑彩画艺术的熏陶，与其壁画艺术结下不解之缘。拙文《徽派古建民居彩画》1985年发表在《古建园林技术》杂志上，并于次年被评为省级优秀论文。之后笔者开始对徽派建筑彩画产生浓厚的兴趣。徽州人研究徽文化，有着得天独厚的优越条件。在徽州土生土长，笔者骑自行车一天就能转悠几个村庄，并能收集到许多民间"三雕"壁画的艺术资料。

笔者还常应同人好友之邀，深入古徽州周边的婺源、绩溪等古村落中调研，走村串巷，杂采旁收，了解到徽派建筑其他营造技艺的知识。笔者结合采集到的一手资料，经过虚一而静的思考，不觉也形成了一种"禅定"的思维方式，自觉地将意念带进了无尽的求索之中。钻古书堆、爬格子、孤灯独守、寒窗伏案，耗用了半生心血，笔者已发表徽派建筑系列论文二十余篇；撰写的《徽派民居"马头墙"

传统施工工法》，获安徽省级证书；并在绘画中练就了绘古建筑图纸之能事，应清华大学建筑系之邀，参与编写《地方传统建筑（徽州地区）国家建筑标准图集设计》（图集号 03J922-1）；又将收集整理的徽派建筑彩画系列图案结集成册，从中感到无穷的乐趣。

一幢房子的形体美，要与装饰美（色彩美）相结合才能达到完美。徽派民居壁画即是这种美化人居环境的文化载体。徽派民居外墙壁画是工匠掌握的一门工艺美术，民居彩画溯源为"先有画，后有雕"。故学习砖、木、石"三雕"工艺之前，绘画是必修课。

昔时建房，徽商是徽派建筑营造业经济基础的坚强后盾，徽派建筑奢华与简陋的演变过程与徽商的兴衰史紧密相连。明清是徽商鼎盛时期，世称"无徽不成镇"。徽商发迹后荣归故里，大兴土木营建宅第，不惜巨资以"三雕"加彩画的豪华装饰来标榜自己、炫耀财富，这促进了工匠技艺的发展，使得徽州工匠练就绝技，在建筑营建中体现了他们的智慧和才能。

到晚清至民国时期，历经鸦片战争、太平天国运动等事件，徽商由兴而衰，难以承受造价高昂的砖雕，转以造价低廉的彩画取而代之，使彩画得以快速发展，徽派建筑外墙壁画进入了活跃鼎兴时期。彩画的各种式样如叉角画、门楣画、窗楣画等，格式也更加规矩、严谨、规范。其中，受新安画派的影响，文人画、民俗画的介入及其与民居彩画的进一步交融，为徽州工匠的彩画技艺发展提供了丰富的题材和内涵，彩画的格式在章法布局上也注入了"手卷式""扇面式""立轴式"等画面形式。又由于进口颜料品种增多，着色也进一步提升，画面的色彩层次逐渐丰富，脱离砖雕灰色单调的素描表现形式，显得更加富丽堂皇。

　　传统建筑文化领域的研究，只有看历史的来龙去脉，才知传统文化的脉络与艺术相互交融。"世上无无源之流，也无无流之源"，徽派民居彩画的发展过程也与此同理。

　　漫步于徽州古村落，犹如画中游。但愿拙作的出版，有益于徽派民居彩画、传统技艺被更好地保护、传承与利用，也希望读者能够沉浸在对徽派民居彩画艺术美的享受之中。

姚光钰

2016 年 4 月 28 日

第一篇

徽派民居墙壁彩画传统技艺

第一章

史　话

文献记载和现场考察都证明建筑壁画在徽州有着悠久的历史。东汉时期，佛教传入我国。南北朝时，北方破岩凿石大建佛窟；南方则大兴土木建寺庙、佛塔。唐宋后期，徽州寺庙、佛塔中已有壁画。如歙县圣僧庵始建于唐武德年间（618—626 年），明万历年间（1573—1620 年）画家黄柱绘有"十八罗汉和观音像"壁画；唐太和五年（831 年）兴建的第十丛林寺（今称小溪院），于明代天启年间（1621—1627 年）大修，由大画家丁云鹏绘佛像壁画；宋宣和元年（1119 年）歙县西干山建长庆寺塔，塔壁四面辟有佛龛，龛内绘有佛像。

自唐宋发展到清末，徽派民居外墙壁画占主导的部位有墙头画、岔角画、门楣与窗楣画等式样。因民居营造经济基础离不开明清徽商的支撑，到了晚清至民国时期，由于徽商经济衰退，对造价高昂的砖雕装饰难以承受，就以彩画取而代之，外墙壁画发展到了兴盛时期。

第一节
徽州地理人文环境

古徽州府辖六县——歙县、休宁、黟县、婺源、祁门和绩溪，其地理区域长期保持未变。今黄山市属古徽州，位于安徽省最南端。全市总面积 9807 平方千米，属亚热带季风性湿润气候区。古徽州是一个"七山一水一分田，一分道路和庄园"的山区，境内群峰参天，山丘屏列，岭谷高错，溪水回环，山灵水秀，犹如一幅幅优美的风景画图，山有黄山之奇，水有新安之妙。

天目山和黄山山脉是古徽州同浙江、江西省的天然分界岭。黄山最高的莲花峰（海拔 1860 米），峰峦峻峭，劈地摩天，重岩叠嶂，天造画境，为闻名遐迩的旅游胜地。

说到徽州的水，先得说新安江，徽州境内主要的河流。它发源于休宁冯村五股尖（海拔 1618 米），上游流往祁门县，复入休宁境内称率水，经屯溪纳入横江后称为渐江，江面展宽，流至歙县朱家村又有练江汇入，"深潭与浅滩，万转出新安"，东流至街口直奔浙江省而去。

徽州境内有发源于黄山北坡的青弋江，北流于长江；发源于黄山南坡西段的阊江，南流入鄱阳湖；还有大小山塘、水库，恰似散落于万山丛中的一颗颗明珠；尤其是太平湖,波光潋滟,山色空蒙,恬静明净,妩媚动人。

徽州历经晋、宋两次南渡,大批汉人南迁,人口大增,以至"地狭人稠,力耕所出,不足以供"。但中原士民带来了先进生产技术与经商文化,使具有优越自然条件的徽州得到初步开发。用本地丰富的森林资源制成的木材及茶漆等副产品向外输出,换取粮食与其他生活物资,"徽商"就这样诞生了。

从北宋起徽州已是富商巨贾往来之地。尔后徽商在全国越来越出名。《五杂俎》(谢肇淛著)卷四说:明时"新安大贾,鱼盐为业,藏镪有至百万者。其他二三十万则中贾耳"。明清时期,徽商控制了长江中下游的金融行业,徽帮具有举足轻重的地位,与山西商人形成中国经济界两大营垒,长达三四百年之久,因此有"无徽不成镇"之说。

徽州在历史上还有"东南邹鲁"之称。唐末黄巢起义,北方士民又一次南迁,带来了中原的文化,徽州文风日盛。程朱理学集大成者朱熹祖籍在歙县篁墩,在歙县建紫阳书院讲学道脉薪传。加上徽商给徽文化、工匠艺术等活动提供雄厚的经济基础,于是文风昌盛,英才辈出,人文荟萃。新安画派、新安医学、徽州版画、徽州印章、徽剧,在全国独树一帜。

第二节
徽州古民居

春秋时,徽州属江南山区"山越蛮夷"之地,气候多雨闷热。栖身于这块土地上的山越人,为适应山区生活、生产需要,聚落建筑要通风、防潮,故采取了浙江余姚河姆渡水上村落干栏式建筑形式。据先秦资料记载,这种干栏式建筑可追溯到新石器时代。

三国两晋南北朝时期,中原地区战乱频仍,中原士民为避战乱,大举南迁,带来了先进的文化与生产技术。中原文明与古越文化的融合也体现在建筑形式上,形成干栏式楼上厅的建筑形式。所谓楼上厅,即屋舍楼下低矮,楼上厅室高敞。一般为三间,明间厅堂,左右厢房。这种建筑形式既保留了越人干栏式遗风的建筑格局,也较为适应山区潮湿的气候环境。

南宋时期宋室江山偏安江左,定都临安(今杭州),中原地区大批官宦、贵族再次南迁,北方工匠也被征集到杭州城营建新都城,其建筑做法南北相承,融穿斗式、抬梁式于一体。徽州随着人口增加与经济发展,逐渐形成地狭人稠的局面,因面积受限而多依山势建宅。为适应山区环境,解决通风日照问题,中原开敞式的四合院空间格局变成封闭室内天井。明代中叶之后，干栏式民居底层空间升高。清初，民居出现三层楼阁，增加了使用空间。因干栏式木构架易受火患，明代弘治年间（1488—1505年），发明并推广了封火墙，更丰富了民居建筑的外立面造型。

明清时期，"贾而好儒"的徽商崛起，徽州民居的设计、布局、结构、室内装饰和厅堂布置构成了独特的徽派建筑风格。至此徽州民居布局定型。

徽州民居造型多呈三间五架布局，即面阔三间，以中轴线两边对称布置，明间厅堂，两侧厢房，内为木构架承重。内设天井，以天井位置形成"凹""回""H""日""目"字等平面格局。进深方向可形成多进堂，地坪由前向后一进进抬高，按中庸之制分长幼而居。小辈住前进，后进为长辈居所。外为砖墙围护，俗称墙倒屋不倒。两侧山墙随多进堂延伸，外墙造型以变化多端的立面设计，天井为采光通风，沿口设计成凹口墙，天井两侧为塞口墙。两侧山墙随硬山屋面坡度砌有高出屋面的叠落式阶梯形封火墙（俗称马头墙）。还有卷棚形与人字形两头翘等山墙造型设计。（图1.1.1、图1.1.2、图1.1.3、图1.1.4）

徽派民居特别注重外墙面装饰效果，配以门楣砖雕、飞檐门楼、窗楣挑檐及木雕垂花柱窗罩等，加上砖、木、石雕装饰，既有防雨功能，又增添墙面的立体效果。（图1.1.5、图1.1.6、图1.1.7）外墙白灰抹面，在屋角、门楼、窗楣等部位绘上彩画，形成一个艳丽的花环，给人以赏心悦目的美感。

徽州古村落按传统风水理论选址，多依山傍水而建，白墙黛瓦衬映在青山绿水之间，四季晴、雨、风、雪变换产生光影作用，加上民居墙壁彩画写意手法水墨相宜，交相辉映，有情有景，也有利于构筑和谐生态环境。走进徽州古村落，犹如走进建筑艺术展览馆。

故徽派建筑享有"立体徽学""凝固的音乐""三维辞赋""乡愁博物馆"等美誉。徽派民居墙壁彩画作品装点着徽州村落，琳琅满目，涉及面广，真乃巧夺天工之美，"村人同在画中居"。徽州民居彩画是徽州文化一个不可分割的艺术载体。

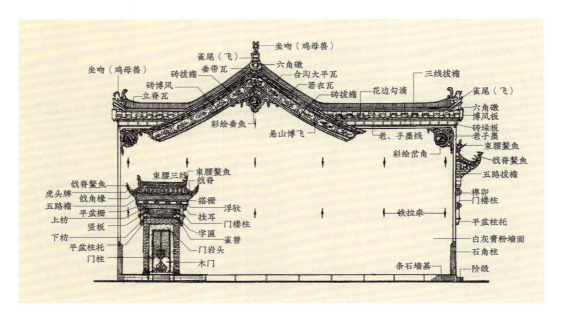

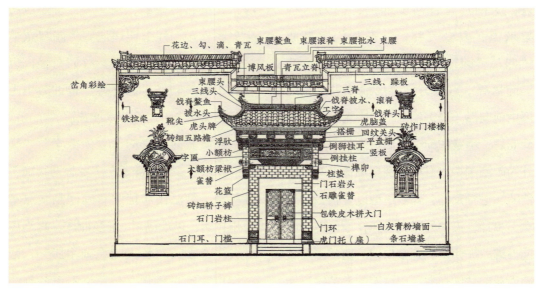

图 1.1.1 徽州民居侧立面（人字山墙、内天井塞口墙）

图 1.1.2 徽州民居正立面（沿口凹口墙）

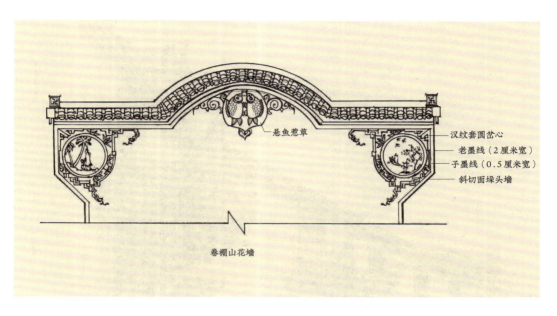

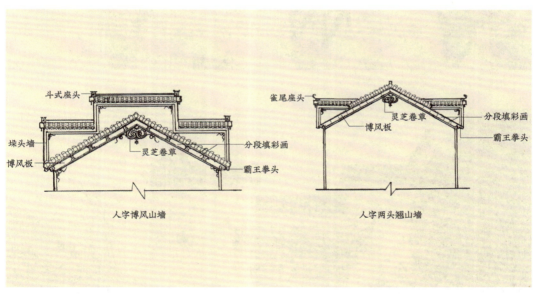

图 1.1.3　徽州民居卷棚山花墙

图 1.1.4　人字博风山墙、人字两头翘山墙

图 1.1.5　潜口清园　木雕垂花柱飞檐罩内有三
国人物故事题材窗楣彩绘

图 1.1.6　三间两进堂民居，封火墙、砖雕门楼
及窗楣画

图 1.1.7　民居正立面　岔角山水写意画　门楣
字匾式彩画　人字形窗楣动物题材画

第三节
徽州彩画发展简述

徽派民居在装饰上采用砖雕、木雕、石雕（合称"三雕"）加彩画，称徽派建筑装饰"四绝"。徽派民居彩画分室内与室外两大类。

徽派民居彩画工艺与"三雕"工艺同源、同宗一脉相承，却先于"三雕"而发展，俗称"先有画、后有雕"。故称民居彩画技艺是学砖雕技艺的必修课，彩画艺术也有一个萌芽、发展、成形与不断创新的过程。

徽州民居壁画起步于唐，发展于宋，成熟于明清，清末至民国初期为鼎盛时期。佛教传入中国后，徽州亦兴建寺庙、佛塔。隋唐汪华（歙人）被封为越国公，徽州人尊他为神，村村建社庙塑汪公像。又于村口建五猖庙，壁龛内画"五猖像壁画"。

宋宣和元年（1119年），歙南黄备信士张应周在城西长庆寺旁捐建佛塔。塔呈方形重檐式，砖木石混合结构，平面方形，塔身实心。七层，由须弥座副阶塔基、塔身、腰檐、塔顶、塔刹等部分构成，总高23.1米，塔身均为砖砌，二层以上塔身四隅均有方形倚柱半隐半露，柱头作方形栌斗，塔壁四面辟佛龛，佛龛内及其两侧塔壁均有彩

图 1.1.8　歙县建于北宋的长庆塔　外墙面留存有灵芝与佛像壁画（1）

图 1.1.9　歙县建于北宋的长庆塔　外墙面留存有灵芝与佛像壁画（2）

绘佛像。（图 1.1.8、图 1.1.9）

　　歙县丛林寺位于歙县绍濂乡小溪村东南二里许，为歙县第十丛林，旧称桂溪寺，今称小溪院。唐太和五年（831 年）兴建，宋宣和四年（1122 年）迁建，明天启六年（1626 年）大修，清同治七年（1868 年）重修。明初，歙县有十大丛林（一丛林管十寺，一寺管十庵），桂溪为第十丛林所在，故得名丛林寺。该寺大雄宝殿墙壁上留存有明代大画家丁云鹏所作的佛像壁画。（图 1.1.10、图 1.1.11）

　　歙县圣僧庵位于歙县县城西七里头的山中，始建于唐武德年间。唐时有僧慧明，歙县城西汪氏之子，长相丑陋，举止怪异，居庵十几年不为人知。适逢乡民患病，疫灾流行，慧明，自制灵药，解救患者无数，人称"圣僧"，庵由此而得名。明隆庆年间（1567—1572 年），歙人汪道昆增创大殿、享殿、庭院、僧房等。大殿两进三间，院墙围护，院左置僧房。大殿内至今存有明万历年间画家黄柱绘制的珍贵壁画，两侧墙上画有十八罗汉，太师壁背面是手执杨柳的侧坐观音像，堪称徽州墙壁彩画之唐卡艺术。（图 1.1.12、图 1.1.13）

　　明清是徽商鼎盛时期，《歙县志》载：

图 1.1.10　小溪丛林寺丁云鹏绘墙壁观音彩绘

图 1.1.11　小溪丛林寺丁云鹏绘墙壁观音彩绘（局部）

图 1.1.12　圣僧庵大殿中设般若台太师壁正面太阳灵芝壁画

图 1.1.13　圣僧庵太师壁背面黄柱绘手执杨柳侧面坐观音像壁画

"商人致富后，荣归故里，修祠宇，建园第，重楼宏丽。"为了光宗耀祖，徽商不惜斥巨资于住宅建筑、装饰，故有"千金门楼，四两银屋"之说，客观上促进了彩画技艺的发展。

昔时徽商有盐商（官商）与茶木商（民商）两支。盐商属官商，富甲一方，但受到官方制约，清乾隆以后清政府因财政困难积欠盐课，道光五年（1825年）盐政改革，大批盐商因之破产，丧失了商界优势地位。

1840年鸦片战争，西方列强的炮舰轰开了中国的大门。徽商中的茶木商适应社会变革，进口洋灰（水泥）、洋钉、洋漆、玻璃等新材料，改变了徽派建筑本土风格。如黟县南屏村孝思堂小洋楼，建于民国初期，引入了西方建筑形式，底层至三层平面布局为长方形，取消马头墙造型，外墙采用圆拱形窗。窗上装有大面积彩色玻璃，用于采光，天井近乎绝迹，但四层却建了一座古亭，形成新旧交替时期中西文化碰撞的建筑样貌。

洋行里的徽商后因太平天国运动、军阀混战及日本侵华等接连不断的战火而衰落。

晚清至民国时期，徽商由盛而衰，造价高昂的砖雕装饰失去了往日的市场，原采用青细砖贴面的部位改用了刷蓝灰浆假青砖，砖雕部位图案以绘画取而代之，进入了徽派民居外墙壁画的活跃时期。（图 1.1.14、图 1.1.15、图 1.1.16、图 1.1.17）

图 1.1.14　休宁县黄村民国时期民宅彩绘（1）

图 1.1.15　休宁县黄村民国时期民宅彩绘（2）

图 1.1.16　太平谭家大院民国时期彩绘（1）

图 1.1.17　太平谭家大院民国时期彩绘（2）

第二章

技 艺

在徽州古村落中，举目可见那些水墨相宜、雅俗共赏的民居彩画，它的技法是世代工匠艺人在实践中的经验总结，它的技艺是成千上万工匠艺人心血的凝聚、智慧的结晶。

至今，广为外墙壁画实际应用的绘制技艺，归纳起来主要有刷拔沿砖、蓝灰浆，弹轮廓墨线、绘墙（垛）头花、绘岔角画，博风板山花、绘各式门楣画、绘窗楣画等造型。

第一节
刷蓝灰浆、弹轮廓墨线

拔沿砖（挑三线砖）、垛板砖、窗框边等假青细砖部位要刷蓝灰浆。首先要调配同青砖色的蓝灰浆，其配比为石灰膏（10份）：墨汁（1份）：白酒（0.1份）：清水（可刷稠度量）。配制的蓝灰浆所用成分为水溶性涂料，在涂刷前可掺3％的胶水增强黏结力。

一、刷三路拔沿砖蓝灰浆

在前后沿口与山墙顶封火墙内外两侧的三路拔沿砖要先刷蓝灰浆，接着按每段拔沿砖总长，以一砖长度（约24厘米）分出块数，再用螺丝刀"破缝"（墙缝格式）划出白灰底，远看形似用石灰膏砌成。

二、刷垛板蓝灰浆

在三路拔沿砖下刷12厘米宽度蓝灰浆边，再以"一板一欠"（一砖竖立面，一砖丁立面）的组砌格式，划出白凹线，形同青细砖组砌砖缝，达到以假乱真的效果（行话称假垛板）。

三、弹轮廓墨线

在假垛板下留1厘米空白，用墨汁画一条1.5厘米粗线，离粗线6厘米处画一条0.5厘米细线。一粗一细两条线行话称"老墨""子墨"。两条线与垛板砖横向平行画到拐角处，两面老墨线对角合拢成一条线，子墨与老墨间距6厘米不变，沿墙角垂直画到墙角石。山墙内侧（屋面顶）老墨、子墨画法与外侧面相同，垂直线只需画到沿口拔沿砖。

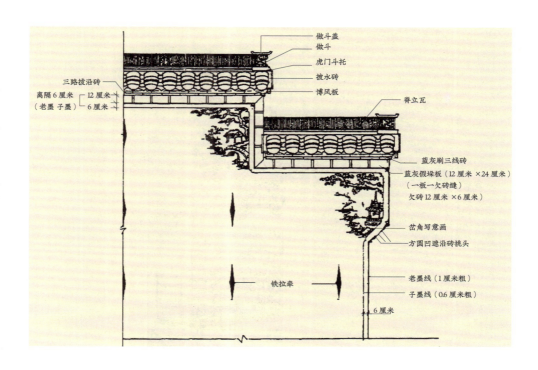

图 1.2.1 山墙侧面假三线、假垛板、岔角画

图中标注：
做斗盖、做斗、虎门斗托、拔水砖、博风板、脊立瓦、三路拔沿砖、离隔6厘米（老墨 子墨）、12厘米、6厘米、蓝灰刷三线砖、蓝灰假垛板（12厘米×24厘米）（一板一欠砖缝）、欠砖12厘米×6厘米、岔角写意画、方圆凹遮沿砖挑头、老墨线（1厘米粗）、子墨线（0.6厘米粗）、6厘米、铁拉牵

以上三道工序做法称刷三线、刷垛板、弹墨线。（图 1.2.1）

第二节
图案化格式框各部位画法

徽派民居山墙随屋面坡度砌有高低叠落的封火墙，形似奔腾骏马，故称马头墙。马头墙可起到防火、防风、防盗的功能，也成为徽派民居的装饰符号。

一、绘垛头花画框

绘垛头花画框即指在马头墙正立面垛头墙部位的绘画。马头墙按座头分类有坐斗式、挑斗式、雀尾式、兽吻式四种，多有半成品出售，安装后不需绘画，只需刷一遍蓝灰浆，使颜色一致。

在博风板下垛头墙正立面要绘垛头画。先在博风板之拔沿砖下，按垛头墙正面宽度二分之一画一找头框，框内画一朵花。接下来用卷草纹或汉纹卡子套成锁叶式回纹框，框内绘写意花鸟等图案，这道工序称绘垛头花。（图 1.2.2、图 1.2.3）

二、岔角画格式框

在山墙顶侧立面马头墙跌宕所形成

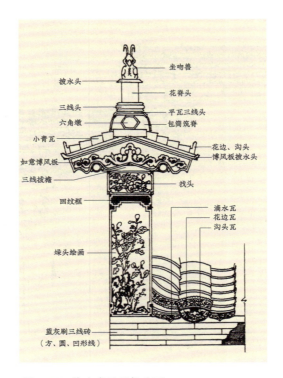

图 1.2.2　兽吻式正面垛头画

图 1.2.3　封火墙（雀尾式、座斗式）

的夹角部位及前后檐口两端顶部，形成的夹角部位的绘画称岔角画（山墙内侧面一般只刷垛板，弹墨线不绘岔角画）。

常见的岔角画格式框有方形与圆形两种格式。画法：先在夹角部位横竖子墨线交叉 90°角内，离子墨线 10 厘米画一双线圆形或方形主画框，框直径约 40 厘米。再在夹角对峙方向离圆形或方形框 10 厘米，用卷草纹或汉纹套成外弧形回纹边框，上下两端连接横竖两条子墨线形成下图夹角（行话"岔角框"），回纹上下两端绘中国结坠子或奎龙头吐中国结图案。（图 1.2.4、图 1.2.5、图 1.2.6、图 1.2.7）

圆形画框叉角人物画"宝玉悟情"，圆画框外用汉纹套外框，上有奎龙头吐中国结，下为蝴蝶结，框内空隙间有砾石子纹刷浅蓝灰地仗。

"宝玉悟情"出自小说《红楼梦》画面是宝玉在春暖花开的荣国府花园里，手捧《西厢记》，悲喜交加，思绪万千。

方形画框叉角人物画，"听琴"方形画框外用卷草纹套外框，上有奎龙头吐中国结，下为蝴蝶结，框内空隙间为斜方格纹刷浅蓝灰地仗。

"听琴"出自元代戏剧家王实甫的名作《西厢记》，画面是张生伏案操琴，以一曲司马相如的《凤求凰》打动了莺莺，莺莺侧耳倾听。

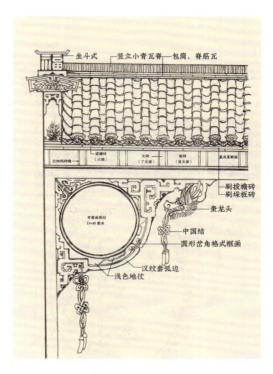

图 1.2.4　岔角画格式框

岔角格式画多在其圆形或方形画框与外边离 10 厘米一圈空隙之间，填充什锦花或博古图纹，再将所形成的不规则空白部位刷浅灰色地仗，使填充图案凸显出来。圆形或方形主画框内画写意图纹。

岔角画发展到民国时期，因格式框定格较烦琐，出现了直接采用写意山水、人物等自由写意图案的表现形式。（图 1.2.8、图 1.2.9）

三、博风板山花画框

博风板山花画框指在硬山式山墙顶博风板部位，绘制博风板式的彩画。博风板

图 1.2.5　圆形格式岔角画　　　　　　　　图 1.2.6　方形格式岔角画

图 1.2.7　卷棚两头翘山墙、圆形框岔角画，半圆、扇形窗楣画

图 1.2.8　写意人物岔角画"福寿"

老寿星：常与福禄寿喜并列，手拿"寿"符祝福长寿，还有仙童手捧寿桃（仙桃）、骑鹿（谐音禄）。上有五色祥云，喻好运当头，五只蝙蝠（五福）驾临（临门）。太阳高照喻寿星高照，明长寿，寿比南山，福如东海，这是自古至今人们对一生幸福、长寿的期盼。又《西游记》第七回："霄汉中间现老人，手捧灵芝飞蔼绣。……长头大耳短身躯，南极之方称老寿。"故寿星也称南极仙翁。

图 1.2.9　写意人物岔角画"天官赐福"

天官：古代朝廷六部之首，称吏部天官，大总宰相，又为三星（福、禄、寿）之尊，民间以福星相称，右手抱"吉童"，有天官赐福之喻。驾五色祥云，云与运同音，意喻运气好佳，还有指日高升、太阳升起、福星高照、加官晋爵等好兆头。

又《周礼》载：官方分为六种，以冢宰（冢宰，周代官名，为六卿之首。《书·周官》："冢宰掌邦治，统百官，均四海。"）称大宰，为天官，乃百官之长。

又：道"三官"中的天官为首，"三官"即天官、地官、水官。道教称紫微帝君为"天官"，职掌赐福。民间以天官为福神。

宽度从人字排沿砖下约35厘米，长度从前后沿口拔沿砖画成霸王拳板头，从板头两端向脊顶分成若干段（约60厘米／段），并将每段用汉纹或卷草纹卡子绘成若干组画框。在各画框内配山水、花卉、暗八仙、佛八宝等图案，并在正脊顶两边博风板交会成人字夹角处，绘《营造法式》中的悬鱼惹草图案。（图1.2.10、图1.2.11、图1.2.12）

人字两头翘硬山式山墙顶部，若带博风板需绘画者，其绘法同上。（图1.2.13）

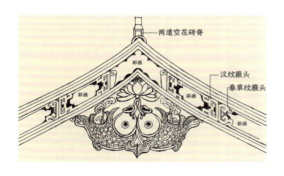

图 1.2.10 悬山博风、悬鱼惹草（1）

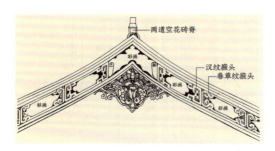

图 1.2.11 悬山博风、悬鱼惹草（2）

四、门楼门楣画框

门楣画框继承明、清砖雕门楼传统画法，在三、五路挑沿砖上盖有小青瓦脊顶画束腰脊，再在挑沿砖下绘以"斗盘枋、晓色枋、挂落枋"，以三枋格局下配主画框。

但在砌门顶部位墙前，先要拟定各种门楼画的式样，并留足画框高与宽构图尺寸的经营位置，砌挑沿砖规定尺寸以门岩头宽度与高度为基准，确保挑沿砖两端要大于门岩头宽度与拟定门楣画的高度。（图1.2.14、图1.2.15）

（一）画束腰脊

先在盖小青瓦挑檐脊顶上画一束腰脊、脊头画鳌鱼吻翘角。束腰脊内两头画荷花座头，向内画箍头，视其脊长度可画找头，中间留1／2脊长为枋心，内配写意画梅、兰、竹、菊、松或山水画。

（二）画三枋

接着在挑沿砖下画斗盘枋（枋内二、四只单斗）、晓色枋、挂落枋（以上称"三枋"）。所有挂枋内装饰图案按枋心分若干单元，做相间式排列组合。要求图案排列均衡，既没有离开画法重复特征，又使得纹饰内容在统一中求变化，从而达到百看不厌的效果。（图1.2.16）

三枋按主画框划分，有字匾式、垂花柱式、手卷式等门楣画式样。现分述如下。

1. 字匾式：主组画由一框带两格组成，

图 1.2.12 悬山博风板山花、悬鱼惹草彩画

明代在"硬山式"山墙顶有青细砖砌成槫风板（行话"清水作"）。清代将原部位勾勒画框。先从博风板头画"霸王拳头"，由前后沿口分段（约60厘米一段）用汉纹或卷草纹卡子套成箍头，并在各段画框内填图案。

图案题材丰富：有道教八宝（暗八仙），即汉钟离执"宝扇"，吕洞宾背"宝剑"，铁拐李执"葫芦"，曹国舅执"玉板"，张果老执"鱼鼓"，蓝采和执"花篮"，韩湘子吹"玉笛"，何仙姑执"筊篱"（荷花）；还有佛八宝；植物类有梅、兰、竹、菊、松、荷莲等；器物类有琴、棋、书、画、花瓶、如意等。

通常在两博风板交会于正脊处绘《宋式》悬鱼惹草图案。潜口清园民居正脊处未绘悬鱼惹草，却用了"宝相花如意纹降幕云"格式，使画面更显精彩。

图 1.2.13　人字两头翘、山墙博风板

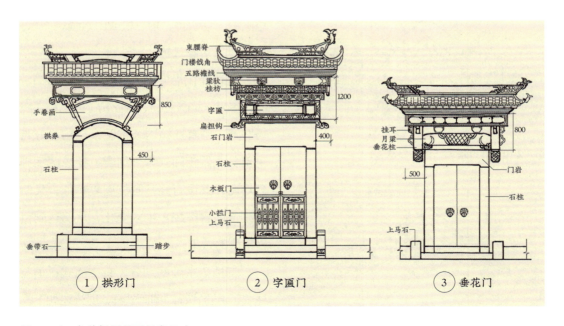

图 1.2.14　各种门楣彩画拟定尺寸

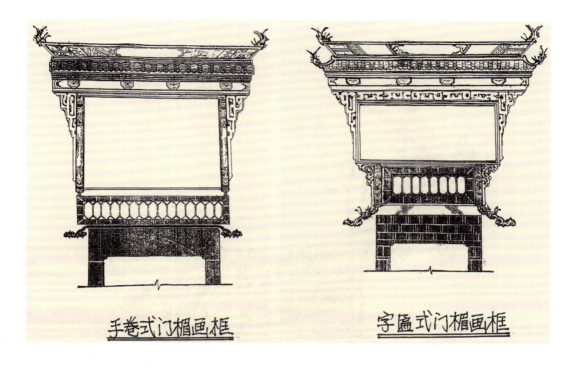

手卷式门楣画框　　　　字匾式门楣画框

图 1.2.15　各种门楣画框

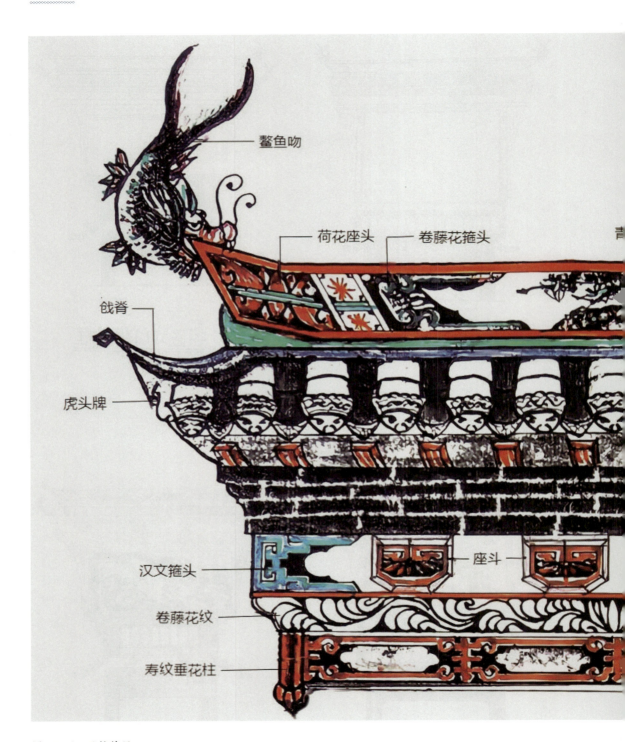

鳌鱼吻

荷花座头　卷藤花箍头

戗脊

虎头牌

汉文箍头

座斗

卷藤花纹

寿纹垂花柱

图 1.2.16　三枋格局

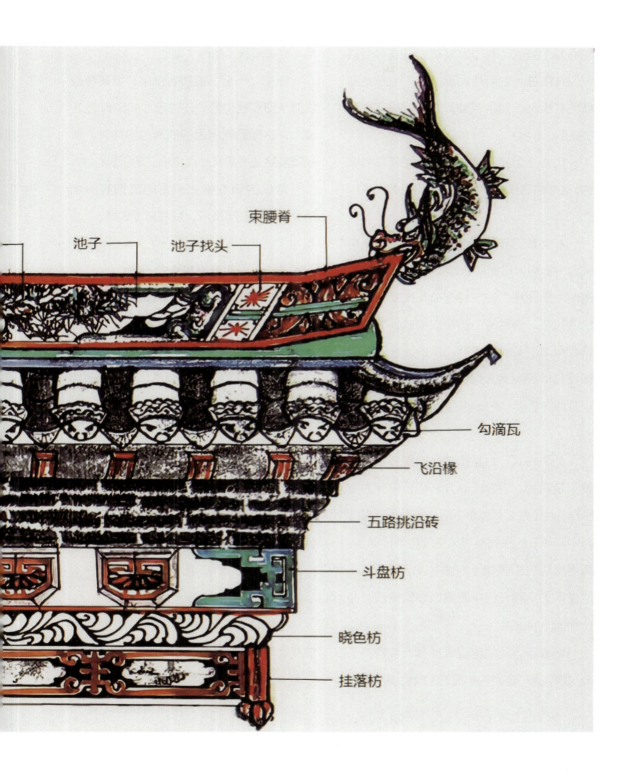

束腰脊

池子　池子找头

勾滴瓦

飞沿椽

五路挑沿砖

斗盘枋

晓色枋

挂落枋

中心为主画框，两边为竖花板组成一个总框，并在总画框两外端画挂耳，中心主画框内有绘画或题字两种，亦有单独另设计字匾的。

门岩头上还要画一条如意纹卷草扁担钩，这是由古代一对挂桃符铁钩沿袭而来。（图1.2.17）

2.垂花门楼〔乔字门楼〕：主组画格式为仿木构架吊脚楼之梁枋与垂花柱造型。两侧为垂花柱，柱下端有荷花座或菠萝图纹的花篮。两柱间上额枋加梁驮；下瓜梁梁底两端丁头栱或雀替，瓜梁肚画宋式织锦纹包袱锦图案。梁枋之间空白处两侧柱边有两块竖板（花板），中间留白为字匾。（图1.2.18）

3.手卷式：组画格式在挂落枋下绘一幅手卷画展。手卷画展分三格，中间为主画框，两边为陪衬画框，格式多为半圆形，与中间长方形主画框形成空隙内填什锦画，再用淡灰色刷画地（地仗）。精致者可在地仗内加黑线几何小图案以丰富画面，使什锦画凸显出来。

两边手卷筒内穿汉纹挂耳，手卷筒下端汉纹，连"奎龙头吐灵芝"取代扁担钩。（图1.2.19）

五、绘窗楣画框

绘窗楣画框首先在外墙砌筑留窗洞位置时，就要考虑拟定画框的格式，并安装相应窗楣形状（徽语"槛垯沿"）。

窗楣以一至三道薄砖挑出，窗楣两端长度按窗洞包边青砖外边尺寸加伸长约20厘米，这样就能满足画框两边画挂耳，两端宽度绘成所需尺寸比例格式的画框。

常见的画框格式拟定的窗楣有一字形、人字形、半圆形、扇面形等式样。（图1.2.20）

（一）一字形窗楣格式

一字形窗楣画的式样是最常用的一种。这是根据居民用的方形窗数量多来确定的。一字形窗楣画先在窗楣上画束腰脊，脊头上画公母草或花鸟翘角；脊枋内两端画荷花座箍头，再画找头；再留二分之一枋心画花卉等图案（画法同门楼束腰脊）。（图1.2.21、图1.2.22）

窗楣下画挂枋并内设卡子，卡子内画瓜果等图案。枋下画一条两方连续花边（晓色枋），花边采用旋花有旋转之意，如用荷花瓣演变成"e"形或水纹呈"～"状。（图1.2.23、图1.2.24）

主画框为横长方形或手卷画式样，画框两边用汉纹或卷草纹挂耳与上枋连接。（图1.2.25、图1.2.26、图1.2.27）

（二）半圆形、月眉形窗楣格式框

先在窗楣上沿圆弧形窗楣画一束腰脊形同一字形画法，也可在窗楣中心位置画一花瓶或一博古器物。窗楣下多为扇面形

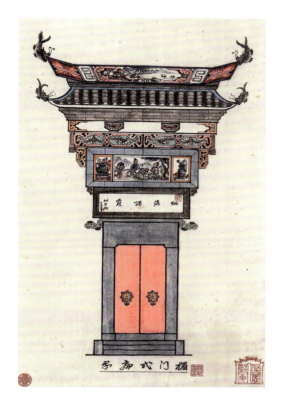 

图 1.2.17　字扁（匾）式门楣画

组画风格：束腰脊头以鳌鱼戗角，称独占鳌头，束腰脊内两端为荷花座头（寓意和和美美）。方心为回纹箍头，方心内为山水胜迹。

五路挑沿下斗盘枋以汉纹箍头，枋内两只平盘斗（浮驮）。下接挂落枋两端方形垂花柱，枋心寿字连汉纹，中心填蝙蝠寓意"福寿连绵"。主画框为三格组成，中间画"二老对弈"（下棋），两侧框内为宝瓶，框外边画汉纹龙挂耳。

下字匾内书"桃源烟霞"题字。整个字匾式门楣画组画格式比较近似砖雕门楼格式。

图 1.2.18　垂花柱门楣画

构图仿宋《营造法式》大木构架垂花门楼做法。束腰脊采用半圆砖叠空花脊，五路檐下绘"荷花纹搭栅"，斗盘枋内"牧童骑牛吹玉笛"。下部大额枋（大梁）中画"渔舟出湖"，两边"鱼乐图"。中间字匾之左为"舞剑"，右为"阅简"（古书）。字匾内留空白，意"无话可说"，留予后人评论。

图 1.2.19　手卷式门楣画

组画格式：束腰脊头以鳌鱼戗角，称龙鱼吐水。束腰脊内两端为荷花座头。方心为回纹箍头，方心内绘青松、青山。

五路挑沿砖下斗盘枋汉纹箍头，内两只平盘斗（浮驮），挂落枋两端圆形垂花柱，挂落枋心"寿字连汉纹"，中心填白玉兰花，寓意"玉堂长寿"。

主画框为三格式手卷画展，中间画意"水车龙骨踏歌声，农夫春播好收成"。两侧半圆画框绘喜鹊登月季花，寓意"喜鹊瑞鸟，月月报喜"。框内空隙间填玉佩、宝相花、套板凳"卍"字图纹，刷浅蓝灰地仗。手卷筒内穿汉纹挂耳，下端连奎龙头吐灵芝，手卷画下与字匾漏窗之间绘佛八宝"螺"与"瓶"两种宝物。

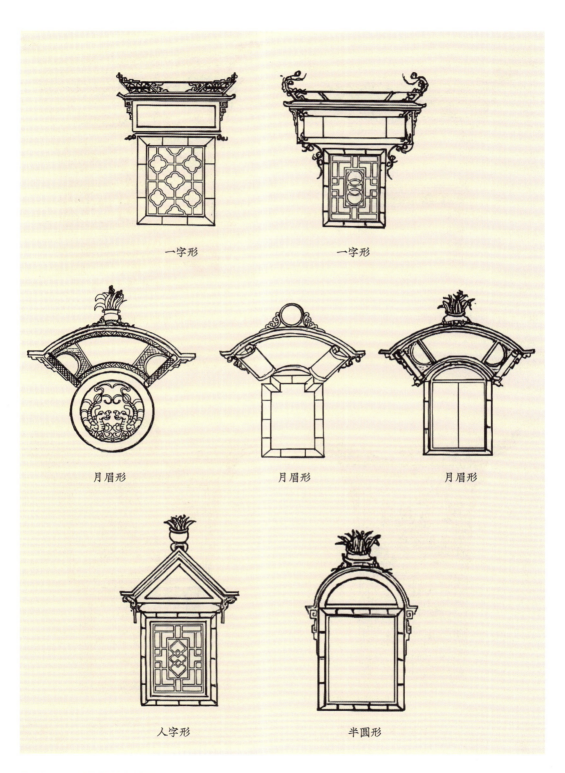

一字形　　　　　　　　一字形

月眉形　　　　　　月眉形　　　　　　月眉形

人字形　　　　　　　　半圆形

图 1.2.20　不同类型窗楣画框

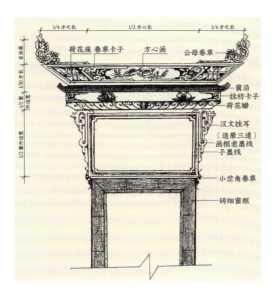

图 1.2.21　一字形窗楣画框比例设定

图 1.2.22　一字形窗楣画框彩图

图 1.2.23　一字形窗楣画（1）

图 1.2.24　一字形窗楣画（2）

图 1.2.25　一字形窗楣画（3）

潜口水香园：束腰脊翘角画喜鹊登梅，意喻"喜上眉梢"。又一头一只，称"喜相逢"、双喜临门。手卷式主画框外为汉纹挂耳，画框内为水香园。"水香园"，徽州名园，明代邑人汪右湘的私家园林，占地两千多平方米，园中有亭、台、榭、堂、池塘假山、古梅、竹林等。园背紫霞山，阮溪从园旁流过，园中两大莲池有一石桥横跨其上，莲池四周遍种古梅。夏日池塘荷花盛开，冬日梅香四溢，梅花虽落，流水尤香，园名由此而来。此园已毁，20世纪80年代改为"明代山庄"，匾额由中国文物学会会长单士元所题。现为徽州明代民居博物馆。

图 1.2.26　一字形窗楣画（4）

图 1.2.27　一字形窗楣画（5）

图 1.2.28 半圆形、月眉形窗楣画（1）

在圆弧形窗楣上画束腰脊，束腰脊内荷花座头；脊头两端画鹰松翘角，谐音"英雄相会"；找头画兰花、菊花；方心鲤鱼水莲（喻年年有余）。主画框为扇面三格手卷式组画，中间写意山水画"松岭涧泉"，左、右半圆框分别为猫、蝶（耄耋长寿）与荷花、螃蟹（谐音和谐）。外用卷藤花纹挂耳。

图 1.2.29　半圆形、月眉形窗楣画（2）

圆弧形窗楣上部画束腰脊，在脊顶中宝瓶内插如意、宝珠、书画等，寓意平安如意、富贵吉祥。其他与上述扇面画大同小异，绘山水写意画。

图 1.2.30　人字形窗楣画鹊桥会

在人字楣尖顶画一花瓶，瓶内栽一株万年青。人字楣下三角形主画框，框内画人物故事鹊桥会。

手卷画主组画，形同手卷式门楣画之格式画法。（图 1.2.28、图 1.2.29）

（三）人字形楣

窗楣上不画束腰脊，只在窗楣顶中间部位画一花瓶，花瓶内画万年青、月季花等花卉，或画一博古鼎器物。

人字形窗楣框为三角形主画框，在框下再画一旋转连续花边枋，枋外两边画挂耳与窗楣 20 厘米平伸段连接。（图 1.2.30）

第三节
彩画图谱

图谱是民居彩画中程式化的装饰图形。图与谱如同音乐的词与曲，图是歌词主题（具象），谱是曲调音符（抽象），图谱是具象与抽象的结合。

在民居彩画上，图缺谱显得有主无宾，谱缺图则有宾无主。故图与谱是相辅相成且相得益彰的连体艺术，在民居彩画上经过合理搭配，相互衬托，达到百看不厌的艺术效果。（图 1.2.31、图 1.2.32）

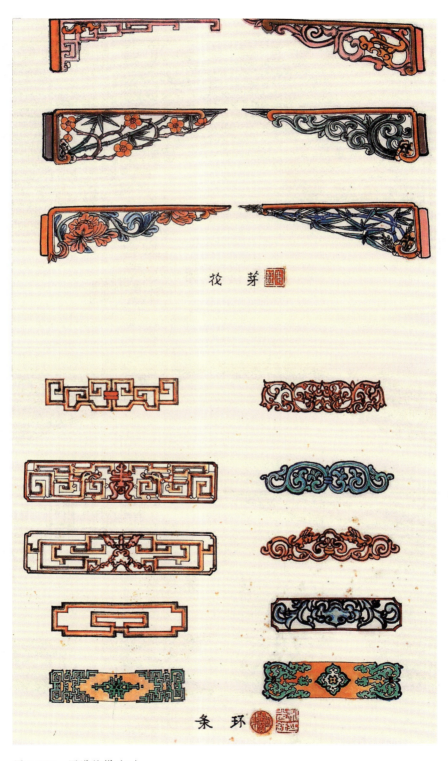

挖芽

条环

图 1.2.31　图谱纹样（1）

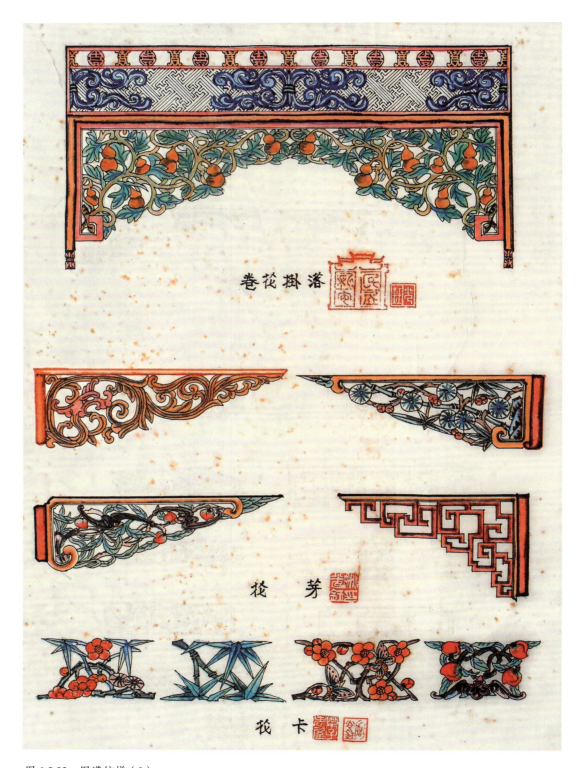

卷花掛落

花芽

花卡

图 1.2.32　图谱纹样（2）

第 三 章

图　纹

图纹，又叫图样，是建筑"三雕"与彩画的图案，是一种具有实用性、艺术性和程序化的图案。作为物与画的互补，物融入了画、画展示了物美。充满活力的传统艺术图纹，能够表现人们追求美好的内心世界。好的传统艺术图纹，会让人们心中泛起哲理的思考和对美好的向往。

彩画图纹内容广泛、包罗万象，构思巧妙，寓意深刻。

当然，在实际应用中需取其所长、避其所短，用时代的观点去认识、了解、合理应用，才能达到图与物的完美结合。

第一节
图纹题材

徽派民居彩画图纹题材丰富，大致可分为吉祥动物、花木、人物故事、怡情书法、博古器物、亭台楼阁、山水胜迹、神话传说等。

一、吉祥动物

（一）龙凤

古人视龙凤为神灵。皇帝自命真龙天子，皇后自喻为凤。常见有龙首、凤头连卷草纹、汉纹化身，作为建筑上彩画、"三雕"装饰图案。

（二）狮子

狮子称百兽之王，佛教视其为威力无穷的神兽，能避邪护法。故民间也将狮雕成雌雄一对，守护家门，保家平安。民居内天井挑梁底斜撑雕狮寓意主人"官登太师"。彩画常在门楣画上绘狮子嬉球，寓意飞黄腾达、官运亨通。门两边挂耳画公狮、母狮保门，寓意镇宅辟邪。

（三）鳌鱼

鳌被看作龙子之一，具有吞火灭灾的本领。科举时代，状元及第被称为"独占鳌头"。民居彩画在门楼束腰脊头画鳌鱼，祈愿子女学业有成、出人头地。

（四）麒麟

上古神话中称麒麟为"四不像"，视之为仁兽。据《拾遗记》载，孔子母在孔子出生前梦见麒麟背驮婴儿，口叼玉书，梦醒后"圣人"孔子就出生了。彩画上常用麒麟送子神话故事配画，在屋脊上饰麒麟瑞兽，喻生贵子的好兆头。

（五）鸡

古人以鸡为五德之禽，具备文德、武德、勇德、仁德、信德五种高贵品格。鸡也是人和神灵沟通的重要媒介，道士以为鸡血可以驱邪，视鸡为辟邪祈福的吉祥动物。

（六）羊

羊，祥也，阳也，自古以来被视为吉祥的象征。羊吮母乳时必跪膝，以报母恩，是孝善也。民居彩画上画羊有告诫子孙要孝敬长辈的含义。

（七）鹿

鹿，禄也，意为福禄有财。神话中有西王母乘白鹿之说，相传鹿、鹤二童子共同护卫仙草灵芝。《宋书》载："虎鹿皆寿千岁，满五百岁者，其毛色白。"民间又视鹿为长寿的象征。常见鹿嘴含灵芝与寿星为伴的题材。

北岸吴氏宗祠内后天井石栏板有《百鹿同春图》，堪称石雕一绝。

（八）马

马为古代将士无言之战友。《拾遗记》中有周穆王"驭八龙之骏"巡行天下记载。《汉书》《山海经》中则有"天马行空"之载。大阜潘氏宗祠梁架雀替雕有《百马图》，还有《马上封侯》《马到成功》《马踏飞燕》《万马奔腾》《八骏图》等。

（九）蝙蝠

蝠，谐音富、福，古人以为可以驱邪接福、带来福气。在上古神话传说中，蝙蝠昼伏夜出，能知鬼魅藏身之处，辅助钟馗捉鬼除魔，因此徽州工匠常将蝙蝠雕在门窗条环板、画在叉角门楼上，作为守护神。

二、寄情花木

（一）并蒂莲

传说有一对恋人抱着"生不能同床，死当同穴"的信念投塘殉情，尔后结并蒂莲。并蒂莲被认为是恋人精魂所化，以寓夫妻忠贞、恩爱白头。门楣、窗楣画中常用莲花与鱼配画寓意连年有余。

（二）石榴

榴花如霞似火，分外妖娆；秋日果实累累，寓日子红红火火、多子多孙、兴旺发达。

（三）荷花

荷花出淤泥而不染，亭亭玉立，香飘清逸，寓主人洁身自好。常与鸳鸯配画寓爱情纯洁，与螃蟹配画寓"和谐"美好。（图1.3.1）

图 1.3.1 荷花裙板

（四）梅、兰、竹、菊、松

梅、竹、松称"岁寒三友"；加兰花，名"四友"；梅、兰、竹、菊又称"四君子"。艺人将这些花木人格化，用于彩画中，来标榜主人坚贞、高尚的气质和节操。

（五）牡丹

娇美的富贵花，称花中之王。富有诗情画意，围绕牡丹的传奇故事很多，描写牡丹的诗句也不少。唐明皇李隆基与杨贵妃在骊山牡丹园赏牡丹，李白写下《清平调》词赞牡丹绝句："名花倾国两相欢，长得君王带笑看。解释春风无限恨，沉香亭北倚阑干。"

徽州艺人常以"凤戏牡丹"为作画题材来装饰建筑，画面显得五彩缤纷。

（六）灵芝

灵芝生于悬崖石缝之中，或山地枯树根上，可供药用，因其具有益精气、强筋骨之功能，身价倍增、饮誉民间。在神话《白蛇传》中，白娘子盗的仙草就是灵芝。徽州工匠在建筑彩画上，将灵芝图纹作为装饰，喻为起死回生、返老还童、延年益寿的寄情物。

（七）水仙花

水仙花盛产于福建漳州、平潭，是冰清玉洁的"凌波仙子"化身。关于它的来历专有一本《水仙花》戏文，说的是名叫陈龙的小伙子，为寻找仙泉灌溉农田，在龙泉山挖山找泉眼感动了司泉女神水仙，她就将水珠赠予陈龙。陈龙用水珠从海里引水救活禾苗，触犯了龙王，龙王要抓陈龙去堵水眼，这时陈龙就吞下水珠化作龙江。后来人们发现龙江两岸奇花朵朵，原是司泉女神水仙的化身陪伴在陈龙身旁，故新春时节，福建漳州家家便养一盆水仙花，以示对他们的怀念。

大自然中有很多花木或娇姿秀色，或耐高温严寒，使人触景生情，生出各种各样的联想，并给花木赋予情感象征意义。这类寄情花木还被徽州人家用于起名。他们将女婴的出生日期来对应"十二花月历"，并取作芳名：一月梅花、二月杏花、三月桃花、四月蔷薇、五月石榴、六月荷花、七月凤仙、八月桂花、九月菊花、十月芙蓉、十一月水仙、十二月蜡梅，这也是人世间人名寄情于花卉的巧用妙生矣。

三、人物故事

（一）八仙

民间传说的"八仙"通常指铁拐李、汉钟离、吕洞宾、韩湘子、蓝采和、张果老、曹国舅、何仙姑八人。

（二）三国人物

《三国演义》中人物众多，刘备、关羽、张飞、赵云、诸葛亮等，人物形象在民间广为流传。

徽州民居彩画中有许多三国人物故事：桃园三结义、三顾茅庐、三英战吕布等。

（三）四大美人

四大美人指西施、王昭君、貂蝉、杨贵妃。

（四）戏剧人物

徽州壁画中反映戏剧人物故事的很多，如郭子仪拜寿、三娘教子、姜太公钓鱼、岳母刺字等，大多是正义、正直、正面的人物，寓教于后人。

（五）渔樵耕读

渔樵耕读是中国传统农耕社会的四业，承载着普通百姓对稳定生活的朴素期盼，也包含着士大夫对隐逸生活的向往。

四、怡情书法

琴棋书画素为古代文人雅好。明清时期，徽州地区科举兴盛，人才辈出。无论为官，还是为商，书画都是他们所钟情的。在民居装饰上喜欢用文字为图案，点缀于间架隔扇、栏板之间，表达文人性格趣味、情感和素养气质等精神世界。真可谓"书"为心画，一字见心。怡情书画以本身美感，在视觉上对建筑产生升华作用。汉字装饰有深厚的内涵、丰富的寓意，除了有悦目之功，更有养心之能。（图 1.3.2）

从建筑上的实物可见，徽州工匠为尊重主人的情感与祈愿，以名家墨宝制成泥金堂匾与漆雕楹联挂于厅堂上。又因大门是一户人家的脸面，门楣为门庭世族的重

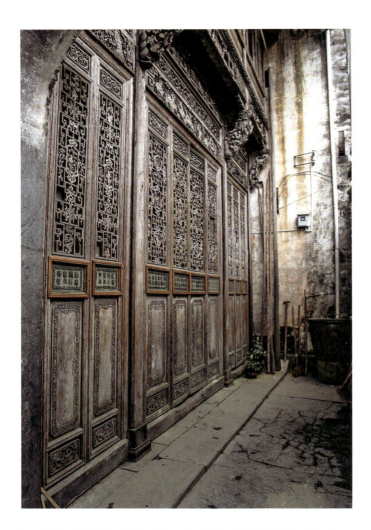

图 1.3.2　隔扇门腰板上的百"寿"

点装饰，故在砖雕门楼字匾内少不了名人书画题词。在婺源汪口一座民居的木窗上，用"福禄寿喜"的单字变体一百个字形成百字图案装饰窗扇，很有艺术价值。歙县昌溪一家老店面栏墙上的矮木栏杆栅内，隐藏有"福禄吉喜"，单字穿插其中，表达福贵、吉庆的祈愿。

值得一提的是镜亭书法作品丛刻名碑，安徽黄山市徽州区唐模檀干园内镜亭四壁，镶嵌有历代名家手迹碑刻18方，计有朱熹、苏轼、米芾、蔡襄、黄庭坚、赵孟頫、倪元璐、文徵明、董其昌、祝允明、罗洪先、罗牧、陈京蓴、陈奕禧、朱耷、陈岳、查士标、郑簠18人所书。石刻墨本原为歙县西溪南吴氏家族的收藏本，均为历代书迹珍本，连同留存至今的泥金匾额和漆雕墨木楹联，都是非常珍贵的文物。

徽派建筑上的书法笔底多意，寓情托意，为能有长久不衰的生命力，我们要加以保护、加倍珍惜，让传承联结创造，让创造回应传承。

五、山水胜迹

徽州境内，山以黄山为奇，水以新安江为妙。在这片大好河山中，还分布着许多古村落与亭台楼阁等人文景观。自然之美与人工之巧有机结合，各县志书与族谱中多有一地"十景""八景"之记载。如休宁县有"海阳八景"：夹源春雨、落石寒波、练江秋月、松萝雪霁、凤湖烟柳、白岳飞云、寿山初旭、屯浦归帆。这八景是休宁山水风光的缩影，是一幅幅绿水青山的立体画卷。

又如《许村族谱》载有"十二景"：武岳凌云、文峰贯日、林嶂环青、黄山蕴秀、西溪渔唱、箬岭樵歌、平畈朝耕、幽窗夜读、任公钓台、怀阳忠庙、沙堤晚翠、古寺晨钟。仅闻其名，便知富有诗情画意，给人以无限的遐想。

岩寺文峰塔未建造之前，《岩镇志草》载，岩镇有"一地八景"。嘉靖十五年倡修水口建桥建塔。明嘉靖二十三年（1544年）始建文峰塔（神皋塔），历经十二年竣工。塔高七层，登塔瞭望，双溪水色、两市书声、凤台积翠、雁塔撑霄、龙池雷雨、乌石烟霞、三榭清风、六桥明月、七磴星列、五岭虹连、紫极云开、黄罗雪霁，十二美景尽收眼底。

文峰塔寄托了古人发科甲、出人才的美好祝福，塔成之日立《魁星文告》曰："有台如砚，有峰如笔，丰溪为墨，长坦为纸。文星之室,惟魁而聚,光芒丽天……"将岩镇水口文风科运之象征意义得以完美展现。

还有黄山松涛、云海、古黟桃花源里人家等一幅幅山水胜迹，徽州工匠将其画于民居壁画之中，地方风味十足，乡土气息浓郁，使古村落虽跨越数百年，但不同时期的建筑与具有生命力的人居环境能够和谐相处，向世人昭示古徽州文明的艺术成就。

第二节
画面传神

在绘制民居彩画过程中，要注重画面传神的几个要点，如远近透视、人体比例、面目表情、人物动态、情节呼应、穿戴服饰等。还要借鉴民间画匠根据长期创作的经验在刻画人物气质、外貌方面概括出来的"画诀"：将军无脖项、少女应削肩、佛容带笑颜、神像须雄壮、书贤举文雅、美人身修长、文人如颗钉、武夫势如钟等。

对人和物要观察入微、善于联想、尊重"程式"。但在学习古人经验时，要加以创新才有生命力，不自我满足，不断有新的追求、突破自己走过的路，才能达到艺术顶峰。

一、远近透视

一张画让人看起来有远有近，所用的方法称"远近法"（透视法）。先要确定"视平线"在什么地方，视平线指的是观画人眼睛同画一样高的一条水平线，但随着眼睛仰视、平视、俯视的不同，也可以定高定低。当你视线直射到视平线上的一点，称"视点"。画里常用的平行透视"灭点"和"视点"是重合在一起的。物体在不同方向、不同角度会出现不同的透视现象。由于墙上画面与观画者有一定的距离与角度，作画时要注意近景、中景、远景之透视效果，如屋角墙头花、山墙顶岔角画，距离远还需仰视。根据视点近大远小的道理，以上部位的画面不可太繁、太小，画面内图纹要简洁放大，线条要豪放粗犷，着色以浓深色彩为宜，画面太繁、太小看上去会模糊不清。而在门楣、窗楣等距离观画者近且接近视平线的视点，所画之景物细部要求精确。总之，画面各部位要注重视点的距离，按情节内容适当地选择画面景物的视点，达到远近透视效果。

二、人物比例画诀

画人物画要关注对象不同年龄、不同性别、不同种族、不同职业、怎样活动、什么表情等，要注重以下几个重点："高矮尺寸认得清，五官部位摆匀停，手脚最要画灵活，画出面目带表情。衣纹变化合身体，坐立跑跳有重心。几个人物在一起，动作神气要照应，近大远小按规矩，主宾不可一般平，先将要点心头记，更对人物多写生。"人物体形结构由头部、躯干、上肢、下肢四部分组成。身体比例以前的画家已总结出口诀："立七坐五盘三半。"即用头与全身高矮做比较，人立着等于七个头高，坐着等于五个头高，盘膝坐着等于三个半头高。头部画诀：

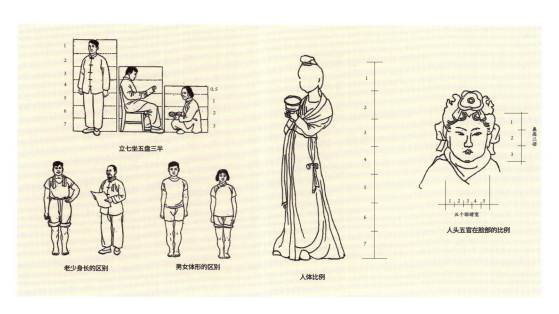

立七坐五盘三半

老少身长的区别

男女体形的区别

人体比例

人头五官在脸部的比例

图 1.3.3　人体比例、脸比例墨线图

"画脸一个蛋，当中一条线"，"先画鼻子后画眼，画个圈儿就是脸"，"三庭五眼"。简单来说，正面的人脸是个椭圆形（蛋形），鼻子、嘴巴画在中线上，先将鼻子画出来，鼻子大小确定了脸的大小。从眉心到鼻尖为"中庭"（"中庭"即鼻长），眉心到发际是"上庭"，鼻尖到下颌是"下庭"（"三庭"为脸长）。又两耳之间为五个眼宽（"五眼宽"等于脸宽）长。以上是画人的基本比例要点，人物体形画准后还要注重传神与动态变化。（图 1.3.3）

三、面目表情

喜怒哀乐等面部表情各有区别，注意面目变化，表达人的思想感情是画人物画很重要的一点。表情神态逼真，画出来的人物才有魅力。口诀：画人笑，眼角下弯嘴上翘；画人哭，眉皱眼垂嘴下落；画人怒，眼圆嘴落眉上吊；画人乐，唇齿微露，神采奕奕。就是说，人物神态表情主要表现在眼神上。眼睛是人心灵的窗户，俗话说"画龙点睛"，只有根据不同人物表情画出不同眼神，才能将画中人的内心世界、思想感情反映出来，达到传神的效果。

四、人物动态

人物的活动姿态、动作千变万化。如画手，不但有动作还有力量传导，女人拿针绣花，给人的感觉是柔软、纤细、轻盈；男人打锤击鼓，则是刚劲、孔武、有力。

故有"画人难画手，画树难画柳"之说。

人在走路时动作也有规律，如右腿向前，同时左臂向前。在步伐上，年轻人矫健轻松，且富弹性，顽童轻快，幼童东倒西歪，跌跌撞撞，老人步履蹒跚。男性阳刚，女性轻盈细步。性别、年龄、身份不同，动作也不一样。

五、情节呼应

虽画不出人说话的声音，但可画出人的眼神，要注意照顾到画面上人和人的关系、手势动作的相互关系。特别是人多的画面，不要画得互不相干，要分出谁是主要的、谁是次要的，这是人物传神的要点。

复杂的画面还要注意主宾、虚实分明，使人一看就明白。画面不可凌乱，不分主次，看不出主要内容。

六、人物服饰及衬景

人物穿戴服饰也不能千篇一律，要因民族、性别、身份职业而异，特别是画古代人物。如清代朝服，文官以禽类如仙鹤、孔雀、云雁等为服饰图案；武官以兽类如麒麟、狮、虎等为服饰图案。总之，所画服饰及纹饰图案要与人物的时代、身份相符。

为突出人物，衬托之景如楼台、亭阁、山水、草木，要因人、因事、因史、因时、因地而配。

第三节　用墨、色彩和搭色、凹凸花技法

国画又叫水墨画，是用毛笔、墨、国画颜料在宣纸上作画，而墙壁彩画是在白粉墙面上绘画，其原理基本相通。

国画分为人物、山水、花鸟三大类，从技法上分为工笔与写意两大类。工笔画工细秀丽，用于画"格式框"，造型严谨，渲染细致，富于装饰效果。写意画则技法简练、造型概括、笔墨趣味活泼，用于绘制主题画。

水墨画顾名思义就是水和墨的无穷变化，用墨是国画特有的技法。用墨不外乎勾、皴、点、染，水墨画的墨色富于变化，一滴墨汁加入不同量的清水，就会出现从深到淡的不同层次，有焦、浓、淡、干（飞白）、湿五大变化，故有"墨分五色"之说。

国画颜料根据红、黄、青三种固有色，可以调出无数种颜色。花青加藤黄用来画叶。胭脂用于画花。朱砂加藤黄画果。赭石主要画枝干，再用墨加色彩晕染可分层次，增加画面立体感。这些都是用墨、搭色、晕染层次的绘画技法所产生的效果。

一、用墨

不同于北京的油漆彩画用大红大绿油彩描金而浩气，徽派民居彩画是以墨为主，显示出淡泊素雅的徽州地方特色。

在主画框内的图画普遍采用山水、翎毛、人物等写意画法，多为"落墨搭色"绘法。其工序是先勾勒墨线，再摊画。有别于画家在宣纸上作画时用泼墨写意法一次性解决一个画面的技法，因在白灰墙面上只能先以白描勾勒再加晕染，故采用工笔、写意相结合技法。徽派民居墙壁彩画的门楣、窗楣等格式框可用界尺画线，也称"界尺画"。但画框内主画图纹白描勾勒常将铁线描、钉头鼠尾描、行云流水描等线法相结合，形同国画工笔风格。落墨线条要求有力度、有节奏感。在效果上追求墨气，故用墨线勾勒图案时按各自形状，采用落墨与局部落墨法，并靠水的作用分出颜色深浅，若墙面吸水太快运笔不流畅，可先将墙面用清水晕湿，以便用笔自如。

特别要掌握好抹灰面的水分（水色）与绘画运笔时间之关系。吾师灶武教导我的口诀是："两天作画正合适，墨入三分时相宜；五天之后墨不吸，石灰过性挂水珠；过早灰湿浆裹笔，过时灰干渗墨汁。"

因生石灰主要成分为氧化钙，遇水反应，粉上墙面砖墙吸水快，与空气中二氧化碳反应沉淀，常温 20 摄氏度，8 小时石灰硬化，即可开始作画。石灰硬化前，石灰面过湿，灰浆要裹笔，使画面不清秀。在 8—48 小时之间石灰面吸水，墨汁渗透力强，如同在宣纸上作画，使墨入三分，

不易褪色，但画师需要熟练掌握绘画技巧。如石灰粉好，超过 48 小时石灰面吸水慢，犹如在白纸上作画般容易，但墨汁渗透力差。超过五天干透的石灰面，虽可用笔反复皴擦画面，但墨水易旁渗，画墨线时墨汁下淌而挂水珠。同样墨汁附着力差，遇雨水冲刷就会褪色，故要熟练掌握其中规律，抹灰与绘画的时间要协调配合，才能创作出理想的好作品（注：在老墙面修复残画，采取重新抹灰绘画，再随旧做旧之法）。

二、色彩和搭色

（一）色彩

阳光、灯火等都是发光体，能发射出有色光线，而显出不同的色彩。如果在一团漆黑的夜里，便什么颜色都没有。但色光与颜料不同，色光越多越明亮，颜料越多越浓暗。画家掌握基本色彩原理后便可模仿物体因反射而出现的色相。颜料的原料品种很多，通过调配混合，它的光亮和浓淡程度有很大变化，会出现很多色相，主要有赤、橙、黄、绿、青、蓝、紫等。

颜料经过调配出现如下色彩（色相）：

赤黄青：这三种名称原色，亦称第一次色。

橙绿紫：这三种名称间色，亦称第二次色，橙是红、黄组合而成，绿是黄、青组合而成，紫是红、青组合而成。

橙绿、绿紫、紫橙：这三种名称复色，也称第三次色。

不论什么颜色，只要掺进清水（或白粉）都会变淡，如红色加水就成浅红（加白粉成粉红）。一种色相从深到浅分不同等级称色阶，可按照画面所需的效果来调配色阶。

红黄绿使人觉得温暖，称暖色调。青蓝紫使人觉得寒冷，称冷色调。故画热闹喜庆的画面，一般都用红黄绿等鲜艳色调。画惨淡凄凉的画面，一般多用青蓝紫的冷淡色调。

颜料大体分植物颜料与矿物质颜料两大类。因而外墙画面，常受紫外线照射与雨雪侵蚀，加上石灰面属碱性材料，会与部分颜料成分起反应，易褪色。

为防止褪色，首选国产矿物质颜料。因矿物质颜料能抗碱并抗紫外线等侵蚀。矿物质颜料颗粒较粗，可二次加工，如赭石。若用量少可随时研磨（同磨墨），随时用。用量多时可砸成粉末泡水，用纱布过滤均匀再使用。但要注意的是有的颜料有毒，如石黄、银朱，在颜料加工与调剂时要预防中毒。

（二）搭色

搭色是一种着色的方法，非平涂、非剔填，而是用毛笔渲染而成。无论何种颜料都要以不损伤墨骨线和墨气为准则。因此渲染时颜色一般不宜浓重，而以追求淡雅、清秀为宗旨，做到"色不碍墨，墨不碍色"方称高手。

但在民国时期，由于彩画进口颜料如巴黎绿、群青等，比国产矿物质颜料石青、石绿艳而有余，为彩画朝着富丽多彩的方向发展提供了工艺方面的便利，彩画的色调由原来的雅墨下五彩向中五彩发展，使画面暖色调效果越来越浓，也改变了"三雕"材料砖、木、石本身单一色的单调感，丰富徽派建筑装饰上五彩缤纷的艺术境界。

三、凹凸花技法

徽匠在民居彩画创作时，采用"凹凸花"的立体感来替代砖雕，以产生以假乱真的效果。方法如下：在对花卉、果实进行认色、渲染、着色时，先从花果头 1/3 面积处垫一层深色；再从头至 1/2 处垫一层浅色；尔后遍涂一层淡色，使色相与底色相统一。在敷色上采用退晕的手法分深浅、分层次，通过多层次晕染来增加凹凸立体感（包括双线画框、双线汉纹之类的图纹），由内（阴面）为加黑，向外逐渐变浅色，最外（阳面）留白，产生一种由近至远的透视效果，使之表现出强有力的深浅浮雕的立体感。

这与南朝梁时画家张僧繇的"凹凸花"有一脉相承的原理，"远望眼晕如凹凸，近视即平板"，有着精美的立体效果。

第四章
传　承

长期以来，有些人对传统建筑保护的看法，主要侧重于古建筑本身的物质层面，而忽视古建筑营造技艺这一非物质层面。

　　2009 年，联合国教科文组织保护非物质文化遗产政府间委员会第四次会议上，我国申报的"中国传统木结构建筑营造技艺"被列入"人类非物质文化遗产代表作名录"。

　　2008 年，国务院公布的第二批"国家级非物质文化遗产名录"，由安徽省黄山市申报的"徽派传统民居营造技艺"被列入其中。这无疑能促使人们重新审视这项非物质文化遗产。随着文物建筑非物质文化概念的引入和非物质文化遗产保护工作的深入开展，人们越来越明晰二者是物质与非物质，是相互联系、互为印证的，是同样重要的相关文化。

　　徽派建筑彩画技艺，属于造型艺术中的习俗和文化范围，为非物质文化遗产，也为无形文化遗产，被称为活态遗产。这种非物质文化遗产的载体是传承人，"人在艺在，人亡艺绝"。

　　本章主要介绍徽派民居彩画的传承，"邑中多巧匠"，将人的因素放在首要位置。匠师们在艺术实践中积累了丰富的创作方法和彩画绘制技艺，给后人留下大量的绘画语言画诀。在传承彩画的方式上，光靠口传身教是远远不够的，还要采取有效的传承方式，改变口传身授师承制，让传承联结创造，让创造回应传承。

图 1.4.1　俞氏宗祠五凤楼

第一节
徽商与徽匠及新安画派的相互影响

明清时期，徽商发迹后，考虑落叶归根、返乡养老，在家乡大兴土木营建后花园作为养老基地，为荣宗耀祖而不惜资本。洪武廿六年定制："庶民庐舍不过三间五架。"徽商虽富甲江南，但其地位还属平民，受"三间五架"之制约，不得逾越。因此徽派建筑只能走小而精之路，在营建上比豪华、比雕刻、比彩画，故有"千金门楼，四两（银）屋"之说。

明初建筑构件原本以实用为主，朴实无华，但徽商不惜巨资，要求徽匠精益求精创造艺术精品。"有需求就有供给"，徽匠便于朴实无华的构件中注入雕刻、彩画等技艺，以多挣工钱。这一做法恰好顺应了徽商（东家）的心理。随着工匠学仿者逐渐增多，为了在竞争中胜出，许多工匠加强自身的艺术修养，在求艺中成了名家。如建于清中叶的婺源县汪口村俞氏宗祠，梁、枋无木不雕，由前门至后寝一千多幅图案的题材各有特色。此设计据传出自原饶州浮梁县某父子两位匠师之手。（图 1.4.1、图 1.4.2、图 1.4.3、图 1.4.4、图 1.4.5、图 1.4.6、

图 1.4.7、图 1.4.8、图 1.4.9）

　　晚清至民国时期，徽商受到冲击由兴入衰，建房资金也随之削减，造价昂贵的"三雕"作品需求大减。

　　这反倒激起了徽匠由"先学画后学雕"所掌握的绘画本能，在数百年创作"三雕"作品的实践中，他们积累了丰富的绘画经验，构图功力深厚。面对局势变化，工匠用造价低廉的彩画取而代之，改用它来装点徽州民居。晚清至民国时期，徽州民居外墙壁画进入最兴盛、活跃的时期。

图 1.4.2　俞氏宗祠庭院门厅后座、连廊

图 1.4.3　倒座明间檐口梁枋木雕、蜂巢拱

图 1.4.4　倒座次间檐口梁枋木雕

图 1.4.5　后座、连廊、享堂檐口梁柱木雕构件

图 1.4.6　庭院、连廊、三路三进台阶

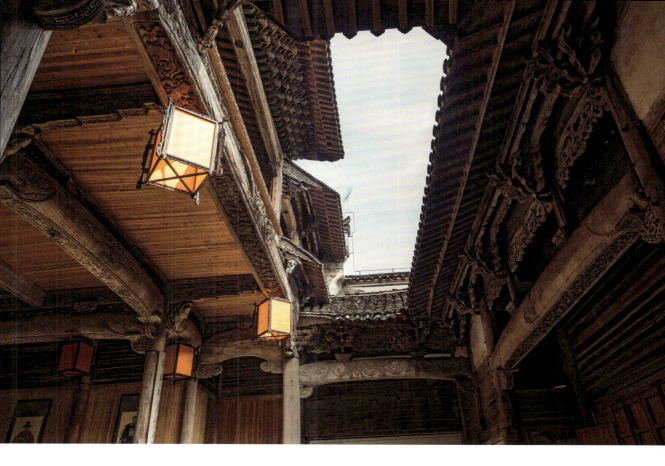

图 1.4.7　俞氏宗祠寝殿天井檐口

图 1.4.8　俞氏宗祠享堂重修木构架

图 1.4.9　俞氏宗祠享堂童柱花篮柱托

在这一时期，徽派民居彩画深受新安画派影响，精美而富于变化。彩画在内容上注重情节，构图和透视注重变化且主次分明，着色也别开生面，给人以雅致和明朗的印象。同时徽派版画的介入、民间文化的交融，也为徽派民居墙壁彩画提供了丰富的题材和绘画技艺方面的灵感。在外墙门楣、窗楣等格式画框的章法布局上，吸收新安画派中立轴、扇面和手卷式的表现手法，不断翻新花样。

昔时许多著名画家常出入徽商家中论诗作画，徽商也会聘请画家设计宅院的"三雕"、彩画装饰。同时徽商不惜重金召集能工巧匠与画家合作谋事，形成了徽州文人画与匠画合作的传统。

第二节
工匠及匠事选介

由古代砖匠所绘制的徽派民居墙壁彩画，俗称砖匠画。因砖雕与彩画艺术，属同宗、同根、同源的民间工艺美术，一名杰出的匠师，要能掌握"砖刀、铲口、笔头"才能称全能名师（高手），坐上头把交椅，受人敬佩。因此学徒要白天拿砖刀，晚上拿笔头，还要勤学苦练才能成为高手。

徒弟搭铺的简易床就是工作台，晚上用师傅抽旱烟的火纸（粟纸）练习绘画，

师傅将自己学徒时所画的"画谱"摹本交予徒弟临摹练习基本功，并叮嘱徒弟："练画不吃苦，雕刻要滴卤。"（方言中"滴卤"为丢人现眼之意）徒弟得到翻烂的摹本，如获至宝，细心练习，并以"师承制"将自己练就的摹本又代代相传。〔注：摹本是砖匠画初学临摹练习的样本，也指在民居门楣、窗楣、岔角等格式画框的各种式样的画法样本（包括格式框周边角隅的图谱）。《芥子园画谱》、徽派版画、古典名著插图等作为练画第二摹本。常用界尺工具画线条，也称界尺画，又同国画中的工笔画，但在主要画框内图纹多用写意画。〕

"师傅领进门，修行在个人。"从前穷苦出身的孩子学习手艺时，往往任劳任怨、听从教诲，不愿半途而废因而被人讥笑为"茴（回）香（乡）豆腐干"。历经苦练磨难有成就者大有人在。

一、方永祥

歙县绵潭坑村方永祥，四代为砖匠。1949 年前创立了方氏作坊，1949 年后成立屯溪建筑队。据方兆斌（方永祥第三子）介绍说：民国二十五年（1936 年）屯溪临溪建五猖庙，庙会前一天晚上，方永祥被接到临溪画五猖神像，为了不误庙会，方永祥一夜间完成五猖神像壁画。第二天，赶庙会者对其娴熟画技赞不绝口。方永祥还在深渡镇家乡一带民居上留下"画龙点

图 1.4.10　画龙点睛

图 1.4.11　西游记

晴"、《西游记》等故事彩画。（图 1.4.10、
图 1.4.11）

原屯溪老街江西会馆由方家作坊承
建，砖雕大门楼加彩画装饰精美，惜后因
建商贸城而被拆除。

二、江吉安

歙县棉溪乡江吉安，三代砖匠。原绵
溪村江氏宗祠前立一砖墙照壁，有江吉安画
的一幅一丈见方的"麒麟吐玉书"瑞兽祥云
图，活灵活现，见者莫不称奇称绝（20 世
纪 60 年代被毁）。壁上"三碗不过冈"的
故事取材于《水浒》，喜鹊成对则寓意"双
喜临门"。（图 1.4.12、图 1.4.13）

三、汪灶武

歙县向坑村汪灶武，三代砖匠，且四
个儿子手艺高超，在深渡一带建有许多民
居。汪灶武画艺名气很大，在深渡一带的
民居外墙留存许多壁画佳作。中华人民共
和国成立后，汪灶武曾同张书堂、胡灶苟
等名师赴北京参加园林修缮工作。留存有
"包公怒铡陈世美"及"寒窗苦读"等壁画。
（图 1.4.14、图 1.4.15、图 1.4.16）

四、朱乾丁

歙县樟岭山村朱乾丁，因穿着打扮与
干活讲究"洋气"，外号老洋。干完砌墙、
粉灰等粗活，一天下来身上却不沾一点泥
灰，可见其技艺娴熟。他练就了一手绘画
绝技，画面自然生动有趣，笔下人物生动

图 1.4.12　三碗不过冈

图 1.4.13　双喜临门

传神，令人叹为观止。

深渡镇九砂村富商姚福禄（在上海开茶叶店与油漆店），于民国时期在故里建了幢三层洋楼。这幢洋楼打破了徽派民居的格局，并未内设天井，而是把门窗采光面积增大，并采用进口玻璃，窗楣画幅面积也随之增大。

该楼外墙壁画即出自朱乾丁手：顶层窗为人字楣，画花卉翎毛；二层窗为半月楣，画山水胜迹；底层窗为一字楣，画人

物故事题材，有"竹报平安""农事乐""太白醉归图"等喜庆画面，有"三英战吕布"等打斗场面，人物怒目相视、跃马横刀，达到炉火纯青的传神境界。纵观各部位窗楣画，视点远近适宜，图纹题材丰富，竟如一座壁画美术展览馆，令观者称奇叫绝。（图 1.4.17、图 1.4.18、图 1.4.19）

民国《歙县志》载："邑中多巧匠。"还有许多散落在本市各区县的民间名师，他们身怀绝技，功底深厚，作画构图巧妙，技艺娴熟，能脱离画稿一挥而就者大有人在，此不赘述。

第三节
彩画的价值及其濒危技艺的传承与保护

古建筑可以激发爱国热情和民族自信心，徽派建筑彩画就是实例。徽州人要珍惜自己的建筑文化，为之感到自豪。以下就彩画价值与保护做一简述。

古建筑具有历史、科学、文化、艺术研究与文旅等价值。徽派建筑的装饰艺术非常丰富，如建筑彩画、砖木石雕、泥塑瓦兽等，每种装饰艺术都有它的技术、艺术特点，徽派建筑作为古建筑的一部分、应受到应有的保护。拆迁古建筑异地保护时不能丢弃这些装饰实物。古建筑也是人

图 1.4.14　包公怒铡陈世美

图 1.4.15　锄地耕种

图 1.4.16　寒窗苦读

图 1.4.17　竹报平安

图 1.4.18　农事乐

图 1.4.19　三英战吕布

们游玩的好去处，保护好古建筑是为发展旅游业创造必不可少的物质基础。

徽派建筑彩画是研究古建筑的实物例证，其遗存反映了当时生产力发展与匠师绘画技术水平。

保护徽派建筑彩画之前，必须先针对其破损原因和现状进行分析，才能有的放矢，对症下药。针对彩画遭破损的程度，采取有效的保护措施，才能达到理想的修复效果。

一、彩画的价值

1. 徽派民居彩画历史悠久，是与民居"三雕"装饰并驾齐驱的绝艺，其题材之丰富、应用之广，被誉为"徽州唐卡壁画"的国之瑰宝。因其具有文化价值、艺术价值，在新时代的新农村建设中，常在墙上绘制以传统道德为内容的宣传画，构筑德治、法治文明教育园地。（图1.4.20、图1.4.21、

图1.4.20

图 1.4.21

图 1.4.22、图 1.4.23）

2. 以彩画取代或弥补雕刻装饰，造价低廉，节约成本，节省工时，降低劳动强度，并提高生产效率，是值得推广的工艺。

3. 在民居四周外墙弹上轮廓墨线，给房子打了一个整齐美观的房格，房子显得轮廓清晰、造型坚实。白灰墙面配上门楣、窗楣绘以彩画，打破墙面单调平淡视觉，给人以美的享受。

4. 民居彩画具有地方特色，民间风味十足，多是匠师即兴创作作品，少有雷同，

文物价值较高。开发民居彩画衍生工艺，将"徽文化＋文物"之创意作品做成旅游产品可以提高地方经济效益，做成室内装饰挂件则能美化人们的生活空间。

二、技艺濒危状况

1. 徽匠传艺方式：徽匠传艺讲究"以师带徒，口传身授"，没有文本，并且注重保密。俗云："一技一口饭，一艺一个碗，技术一外传，等于砸饭碗。"多有"龙凤雕出任君看，不把刀笔渡于君"的保守思想，许多技艺因此失传。

图 1.4.22

图 1.4.23

2. 徽匠断代问题：20 世纪 50 年代还有一批有经验的中年技艺大师，如 1959 年歙县砖雕艺人张书堂、胡灶苟、汪灶武等赴北京参加园林修复工作，也有俞金海、徐丽华、胡子良等 10 名油漆艺人为北京人民大会堂精制《全国各民族百子图》刻漆屏风画。但随着钢筋水泥建筑拔地而起，徽派建筑受到冲击，加上学习古建筑手艺又苦又累，逐渐无人问津，因此出现徽匠断代断层危机。

3. 文物建筑资料匮乏：目前宏观介绍徽派建筑文化及旅游景点建筑的文章，可汇成书山文海，但涉及营造技艺和施工方法的并不多见。

令人担忧的是，随着时光流逝，有些文物建筑受自然、人为不同程度的毁坏，如外墙石灰面遭雨水冲刷，彩画老化剥落，有的室内梁架包袱锦彩画自明代绘成后再未维护，也已经残破。

若再拖延下去，不仅幸存的精品日益减少，甚至连营造技艺的现场样品也随之消失，难以留存下来。

三、传承与保护举措

1. 春秋战国时期在《考工记》官书中已有"匠人营国""匠人为沟洫""匠人建国"的记载。当代提倡重视"大国工匠"技术人才，开展"匠心传世"教育事业，要将散落在民间的老艺人（名师）资料收集并建立档案，关爱民间老艺人，不能重文轻匠，轻视技术人才，应经常登门拜访，转变其保守观念，并开展老艺人的绝活技艺收集工作，使营造绝艺火种不熄。

2. 文保等有关部门可组织成立一个"徽派建筑营造技艺课题科研组"，编辑出版实用营造技术专业著作，也可针对具体施工技术难题，编辑该项技术施工之工法，为黄山市徽派建筑工程项目提供技术服务。

3. 古建施工单位在进行文物建筑修缮时，应重点发现并搜集、总结古代匠师的营造技术经验，在资料建档时将收集的经验编辑成教材，为改变古代口传身授的师承制开办技术培训班打好基础。

4. 要抓住抢救性保护徽派民居传统营造技艺时机，对古代徽匠口传身授的技艺进行挖掘、搜集、整理成文。抓住"口""身"这两个关键字，口传是指师傅传给徒弟的口诀，"身授"是指手工操作方法（手、眼、身、步、法）。目前，可通过还健在的老艺人与老传承人的记忆，将带徒弟的口诀与手工操作"手、眼、身、步、法"搜集整理成文字，传给新的传承人与年轻工匠。

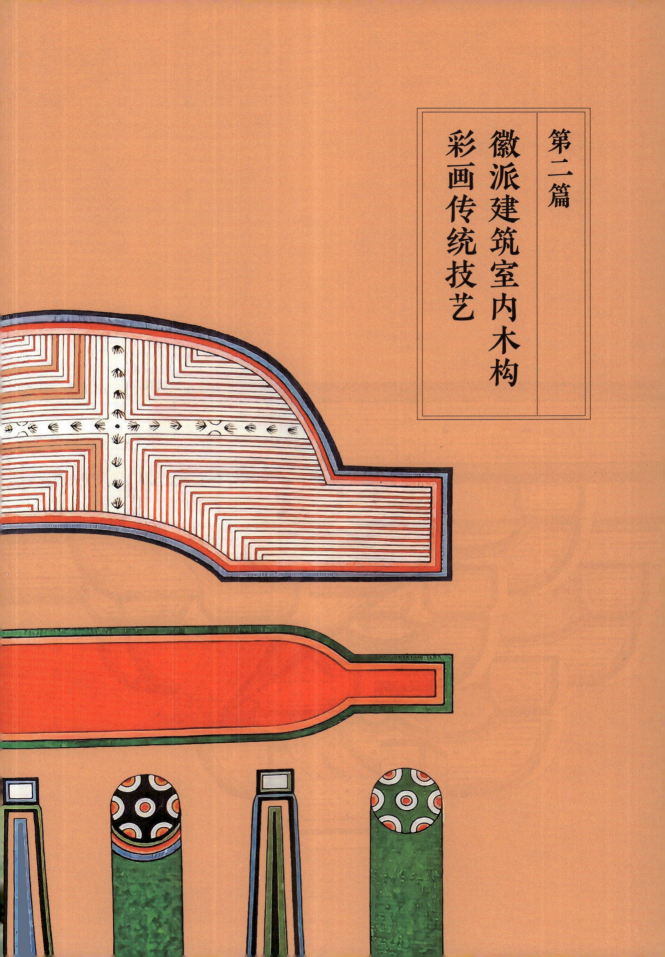

第二篇
徽派建筑室内木构
彩画传统技艺

第一章
绪　　论

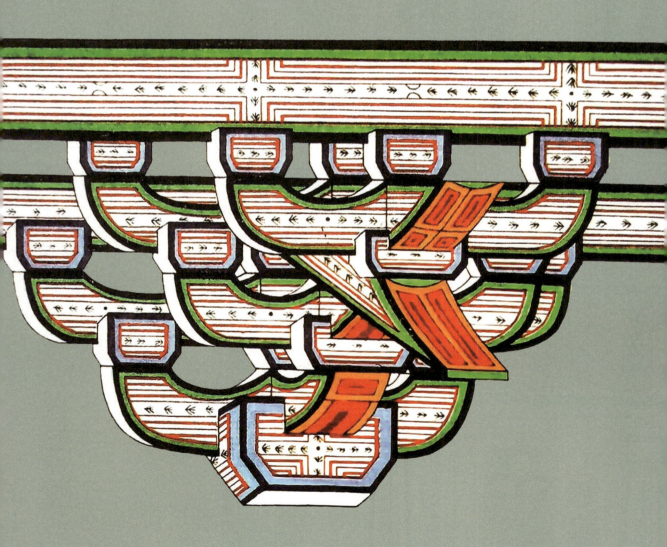

徽派传统建筑是徽州古代文明的成就之一，徽州自秦代置歙、黟两县，经历代建筑的营造与形制的演变，明清时代有了定型格局。徽派传统建筑具有卓越的成就和独特的地方风格，在中国乃至世界建筑史上占据重要地位。它不仅具备其他建筑所共有的结构功能和实用价值，而且组成集群的古村落，其村落规划以聚居模式为主，包括水口、道路和宗祠、民居等建筑，以主次分明、色调古雅和谐统一的美学成就与艺术美感受到人们的钦慕，特别是遗留下历代室内外绘画和雕刻这份宝贵的文化遗产。我们要以高度敬畏之心"将文物保护起来、传承下去"，使其"活起来"，这是我们这一代的历史重任。

第一节
木头史书概述

中国传统建筑是一部凝固的历史教科书，集传统的科学、文化及营造技术、艺术于一体。

中国传统建筑起源于"北穴南巢"，穴居与巢居是中华文明营造观念的启蒙。中国古代诸子贤人曾在上古巢居与穴居的追溯上，留有文献记载。墨子《辞过》曰："古之民未知为宫室时，就陵阜而居，穴而处。下润湿伤民，故圣王作为宫室。"又《孟子·滕文公》曰："上者为宫窟，下者为巢。"（按地理位置分上、下。

北上南下，黄河流域黄土高原为上，长江以南为下。）

穴居发展序列：由复穴→宫从断岩上的横穴（自然洞穴）→半穴居（地面袋形竖穴，直壁半穴居）→模拟穴壁的木骨泥墙（宫室雏形）→窑洞居室→地坑院。（图2.1.1、图2.1.2、图2.1.3）

巢居发展序列：独木橧巢（一棵树上筑巢）→多木橧巢（相邻四棵树上架巢，四柱为"间"雏形）→干栏式建筑。

溯源各地区的民居造型，皆随中华文明营造宫室之制而演变。朱启钤教授于民国十四年（1925年）重刊《营造法式》后作序言：原始不外乎两大派别，其一黄河

穴居发展序列（复穴—宫）

枝叶茅草的
临时遮掩

扎结成形的活动
顶盖——屋的萌芽

断崖上的横穴　　坡地上的横穴过渡形态　　　袋形竖穴

卤　　　　　　室

袋形半穴居　　　　直壁半穴居　　模拟穴壁的木骨泥墙　　"屋见于垣上"——宫
　　　　　　　　　　　　　　　　　六仿开在屋上——宫的　　内部空间称室
　　　　　　　　　　　　　　　　　　　　雏形

巢居发展序列（橧巢—干栏式）

独木橧巢　　　　　多木橧巢

干栏式

河姆渡遗址的干栏式建筑是我国发
现的最早的人类木质结构建筑，可
以看成是华夏建筑的鼻祖。

干栏式长屋

图 2.1.1　穴居、巢居发展序列图

图 2.1.2　穴居地坑院建筑（1）

图 2.1.3　穴居地坑院建筑（2）

以北土厚水深，土质坚凝，大率以土为屋。由穴居制度进而为今日砖石建筑，迄今山（西）陕（北）之窑洞民居，犹有太古遗风。其二长江流域上古时代洪水为灾，地势卑湿，人民多栖息于木树上，由巢居制度进化为今日之楼榭建筑。故中国营造之法，实兼土、木、石三者之材构筑而成，称为土木建筑。因属木骨结构（由古至今是建筑的主要承重构件），故称中国传统建筑为木头史书。

西方建筑则以砖石材料为主，被称为石头史书，中国的近邻如日本、韩国等采用中式木骨结构，曾来中国庙宇、殿阁取经学法。因先有来中国者见宫阙之美轮美奂，栋宇之翚翼斯飞，堪为杰构，于是群起研究，以求东方中式复瓦飞檐、斗拱、藻井诸式，为其结构之精奇美丽，超出西法之上。

中国古建筑自成一系著称于世，千百年来成就辉煌，它以高超的技术、丰富的内涵和独特的风格，在世界建筑史上占有重要地位。我们要随着中华文明营造技艺的文脉，挖掘木头史书的文化内涵，做好有效的传承与保护工作。

一、原始社会

中国建筑起源于原始社会，一般认为"北穴南巢"。《庄子·盗跖》云："古者禽兽多而人民少，于是皆巢居以避之。"《韩非子·五蠹》亦云："上古之世人少而禽兽众，人民不胜禽兽虫蛇，有圣人作构木为巢，以避群害。"有研究者从古代诸子叙述中猜测，这个"圣人"就是原始母系社会的有巢氏，有巢氏被认为是人类原始巢居的发明者。

象形字"家"也是由干栏式建筑演变而来的，上层住人，底下架空层养猪。

远古人们一般选用木材作为基本材料。木材属有机物，从一粒种子入土发芽，开花结果，散发氧气，长成参天大树后可作为栋梁之材。经几百年后，锯成木板时，还会散发芳香气味，沁人心脾。曾有日本科学家将小白兔分别装进木、铁、砼、玻璃箱子，结果兔子在木箱中成活时间最长。人住木房子也有益健康，显示人与自然的亲密关系，是中国传统哲学天人合一宇宙观的体现。

二、新石器时代

考古者发现，中国古籍中曾有"剥木以战""断木为杵""伐木杀兽"之记载。昔时古人类能制造石斧等石器工具建造巢居。中国南方有较早的木构建筑的实例：浙江余姚河姆渡水上村落遗址干栏式（巢居）建筑。这种建筑采用木桩打入水下构成架空基础，其上铺板、立柱、架梁、盖顶，形成穿斗式榫卯结构干栏式建筑。这一木结构做法也体现了原始母系社会巢居进化的痕迹，对中国南方木构架建筑的形成与发展有着重要的影响。随着时代的发展，建筑营造技艺不断进步，使建筑造型也不断地演变。

三、夏商周、春秋

夏朝的建立标志着原始社会结束，进入奴隶社会。但夏帝王与平民居宅不分贵贱，禹王告诫子孙"竣宇要亡国"。商周时代才出现"四霤草屋"结构式样之建筑。

商代随着青铜器的使用，已有了版筑夯土技术，这是中国古代工程的一大进步。大型房基由十多层夯土而成。取代商而兴起的周，由商获得大批工奴，迅速发展的手工业，将商的"六工"改木工（攻木之工）、金工（改金之工）、皮工（改皮之工）、画工（设色之工）、雕工（刮摩之工）、陶工（搏埴之工），可见周代已有画工与雕工。商周时期，手工业与农业分离，这时诸多青铜器、骨雕等工艺令人赞叹不已，木雕也不例外。据《盘龙城 1974 年度田野考古纪要》载："……十多块棺椁板，板灰有精细的雕花。1971 年在安阳后岗发掘的 M32 和 M47 晚商中型墓内，也曾发现奴隶主贵族雕花、油画木椁，上画饕餮纹和云雷纹，其艺术惊人。"

瓦盖脊顶、半地穴式的住屋是西周最常见的住宅，房屋形状有圆、长方、瓢形几种半地穴式，地面上部以四霤草屋结构式样。

春秋时代发明了冶铁技术，能用金属制造锐利的工具。《墨子·鲁问篇》载：生于鲁定公三年（公元前 507 年）的工匠公输班（鲁班）发明了锯、斧、钻、刨等锐利的工具来加工木料造房屋，并为楚国造云梯、制木马等事迹，使榫卯结构营造技术有了更大的提高，也为历代建筑造型演变与发展奠定了基础。鲁班不但有建筑创造高超技艺，还有木器手工艺品之奇巧发明。南北朝杂学著作《刘子新论》中的"智人篇"，就载有鲁班雕刻凤凰的故事。

春秋时代的统治阶级营建了很多以宫室为中心的大小城市，当时国无论大小，都有夯土城墙。士大夫住宅定制面阔三间，中央明间为门，左、右次间为塾，这种平面布局一直延续到汉朝初期。(图2.1.4、图2.1.5)

四、秦汉

秦汉初期虽历经战乱，后期却达到了国家统一、国力富强，并进行了大规模的营造活动，在中国建筑史上出现了第一次

图 2.1.5　工匠建房图（木屋架）

发展高潮。斗拱在重要建筑物上普遍使用，建筑材料也有很大发展。民居普遍采用"秦砖汉瓦"，汉瓦当上就有青龙、白虎、朱雀、玄武"四灵"图案。屋顶形式多样化，庑殿、歇山、悬山、攒尖均已出现。木构架房屋日渐完善，已形成穿斗式与抬梁式相结合的主要结构方式。这一时期造就了大型宫殿建筑阿房宫（秦）和未央宫（汉），在建筑形式上有了新的变化。

五、晋代

北方中原衣冠汉族大举南迁，带来了先进的生产技术，并与江南人共同开发南疆，使营造技艺南北流派互相交流，将南方吴越干栏式、穿斗式榫卯结构柔雅纤巧特质与北方抬梁式结构雄壮浑厚的风格相互融合。

图 2.1.4　木工匠的祖师爷神像

六、唐代

唐代是中国古代建筑发展史上的高潮阶段，朝廷制定了《营缮令》，建筑设计中已开始运用以斗拱分为八等材作为木构架用料材质标准，使构架用材有了无过大或过小的真实加工和成熟的模数形制，形成构件受力作用合理标准，并富有艺术性。唐朝佛教发展很快，兴建了大量的佛寺、塔、石窟。中国现存最早的木结构的实证，仅有南禅寺大殿和佛光寺东大殿、天台庵、广仁王庙为唐代建筑。

唐朝民间住宅又将建筑的体量大小、间数多少及装饰的色彩，作为宅主的身份、地位象征。（图 2.1.6）

七、宋代

宋代是中国古建筑体系大转变时期，北宋崇宁二年（1103 年），将作监李诫总结任职后修建十一项工程实践经验，并访问工匠口传做法，主编颁行宋时期的建筑学文献《营造法式》官方著作，这是一部全面反映宋代建筑设计、结构用料和施工技艺的规范典籍。

在《营造法式》编定后，宋代只印行过三次，第一次为崇宁本，第二次为绍兴本，第三次为绍定本。元明时期，没有重印《营造法式》刻本。

傅熹年在新印陶湘仿宋刻本《营造法式》时介绍："宋代刻本在明代流传很少，

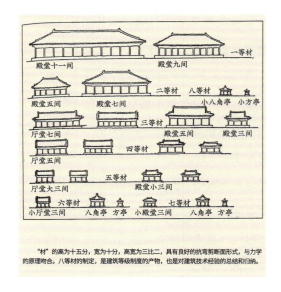

图 2.1.6　八等材示意图

又随时间流逝而流失。收藏家的藏本都是手抄本。在明初所编的《永乐大典》中收录了《营造法式》全书，清末八国联军攻占圆明园，《永乐大典》被掠夺烧毁，现只残存'卷三十三、三十四彩画图样'两卷与片段法式内容。"

1919 年，朱启钤在南京图书馆见到了丁丙传抄本《营造法式》，惊为重大发现，世称丁本。朱启钤认为丁本并不完善，遂同陶湘用诸本汇校丁本，后由陶湘主持刻印称陶湘仿宋刊本。该书刊发起者是朱启钤，书中冠以朱启钤《重刊营造法式后序》。陶本印刷行世是现存的哥刻印本，在《营造法式》附录终（后），有武进陶湘识语：陶本汇校后时依绍定本格式木刻印行。此书误字少，字体大而清朗，图样精美。

在"陶本"的六卷图样中有卷三十三、卷三十四彩画两附卷，另编成七、八两册，并按原图案（墨线图）所标注的颜色部位而填色。这次印刷仍保留了《营造法式》彩画作总制度的"五彩遍装，碾玉装，青绿叠晕棱间装，解绿装饰屋舍，丹粉刷屋舍，杂间装"。六种图样即五彩遍装和碾玉装为上等彩画，青绿叠晕棱间装和解绿装为中等彩画，丹粉刷和杂间装为下等彩画，它反映了宋代彩画作制度水平和套色制版技术。

（一）五彩遍装

五彩遍装本指青、黄、赤、白、黑五色，这里泛指绚丽多彩的一种彩画，它是宋制等级最高的一种彩画，作画对象分为梁、拱和柱、额、椽两部分。（图 2.1.7、图 2.1.8、图 2.1.9）

（二）碾玉装

碾玉本指打磨雕琢玉石器的操作过程，这里指的是对作画的精细程度，为较其他画作要精细的一种彩画，作画对象部分同五彩遍装的内容。（图 2.1.10、图 2.1.11、图 2.1.12）

（三）青绿叠晕棱间装

青绿叠晕棱间装是指对构件外棱线，此青绿色叠晕，构件身内以青绿两色相间使用的一种彩画，作画对象为斗拱和柱椽两大类。（图 2.1.13、图 2.1.14）

（四）解绿装饰屋舍

解绿装的特点是在构件全身通刷土朱，对椽道及燕尾、八白等部位都用青绿两色叠晕相间，有解绿装和结花装之分。（图 2.1.15）

（五）丹粉刷屋舍

丹粉刷是以红丹或黄丹为主要色彩，在图面上通刷土朱色，下棱用白线画出椽道，下面再用黄丹通刷，作画对象为斗拱和柱额两类。（图 2.1.16、图 2.1.17、图 2.1.18、图 2.1.19）

（六）杂间装

杂间装是用各种彩画进行相互穿插组合的一种彩画，各种彩画的组合比例约为6：4。如五彩遍装与碾玉装之比为五彩遍装6分，碾玉装4分等，其他组合类推。（图 2.1.20、图 2.1.21、图 2.1.22）

宋《营造法式》卷十四述，五彩遍装柱、额、椽、彩画参照盛唐壁画，雕刻以佛光寺和南禅寺两座唐代木结构的形制尺度，并利用尺度模数做了立面处理，且用图文确定下来，如图 2.1.23 所示。

1.柱分柱头、柱身、柱脚三部分。（1）柱头：绘细锦纹或琐纹；（2）柱身：也绘细锦纹，在细锦纹的上下做青色或红或绿叠晕三道花纹图案；（3）柱脚绘制叠晕莲花。（图 2.1.24、图 2.1.25）

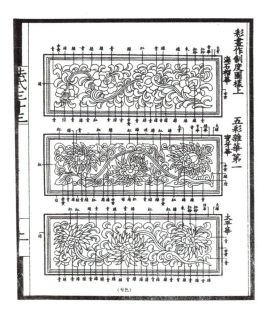

图 2.1.7

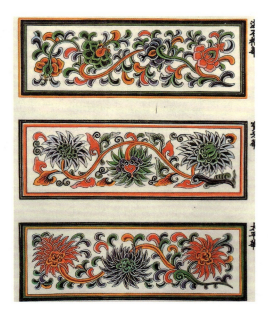

图 2.1.8

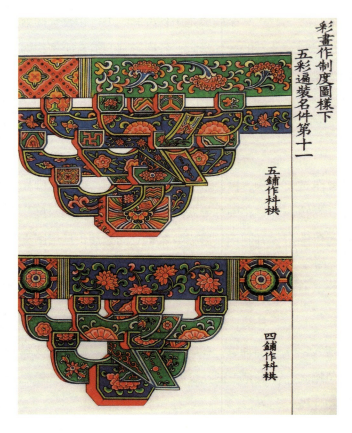

图 2.1.9

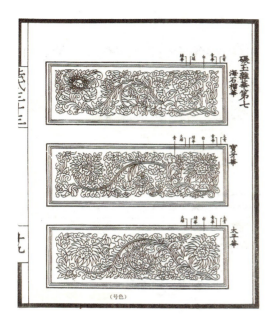

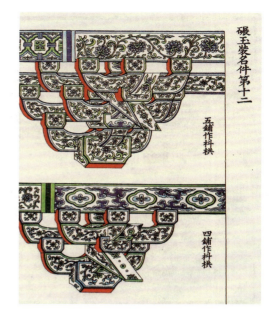

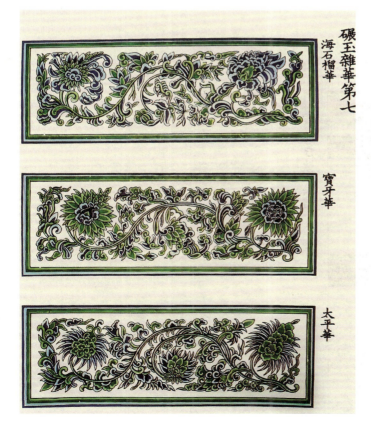

图 2.1.10

图 2.1.11

图 2.1.12

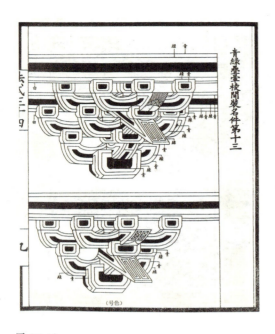

图 2.1.13

图 2.1.14

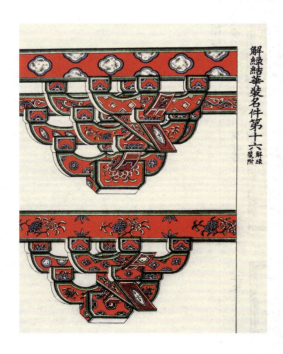

图 2.1.15

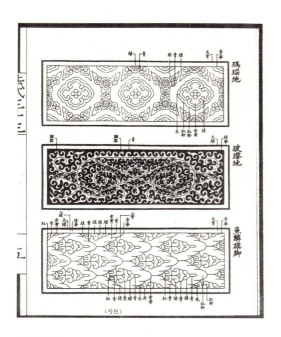

图 2.1.16

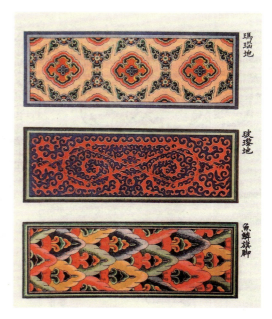

图 2.1.17

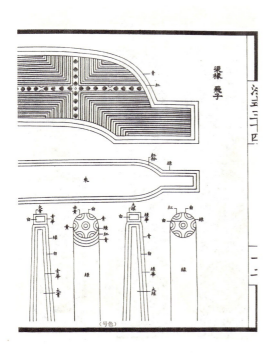

图 2.1.18

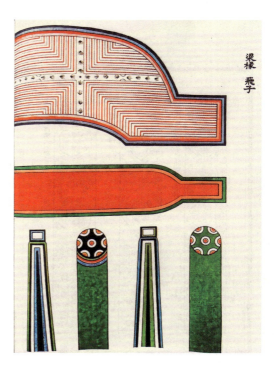

图 2.1.19

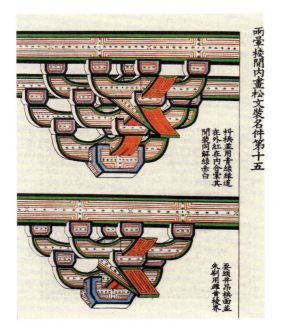

両量棱間内畫松文裝名件第十五

枓栱並用青綠緣道
在外紅在内合量其
開裝同解綠赤白

蚕頭并昂栱面並
朱制用踶黄稜界

图 2.1.20

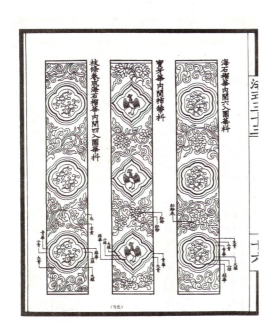

图 2.1.21

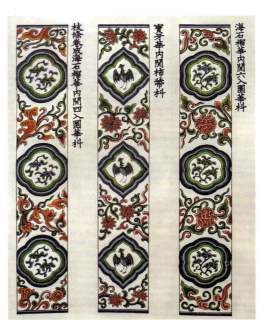

图 2.1.22

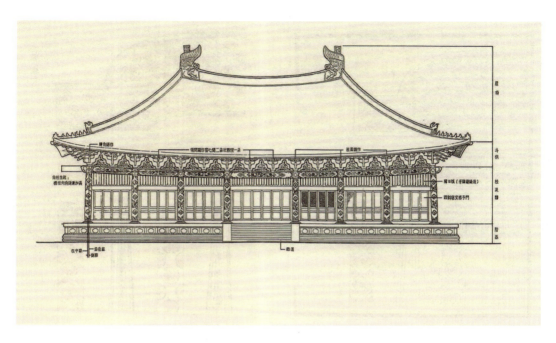

图 2.1.23 宋《营造法式》立面处理示意图

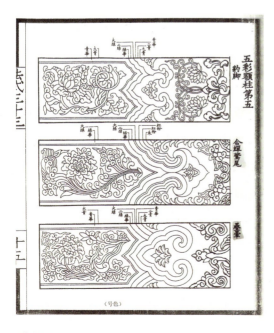

图 2.1.24

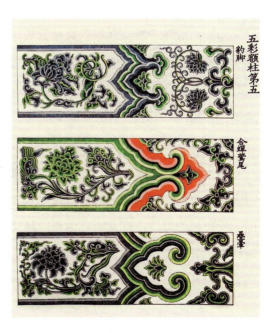

图 2.1.25

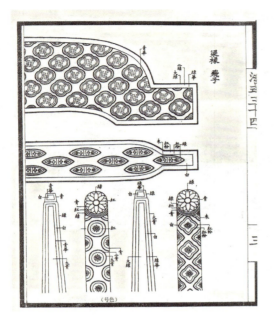

图 2.1.26

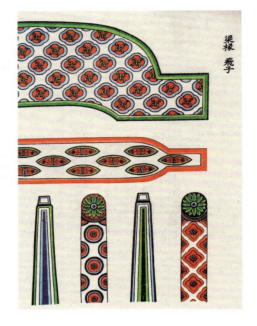

图 2.1.27

2. 对额枋两头近柱处做三瓣或两瓣如意头角叶。对椽子端头面根据直径圆形，绘制叠晕莲花或火焰明珠，对椽身通常用六等花样，对飞椽应绘制青绿连珠及棱线叠晕，也可绘制方胜、两尖、团窠等图案，椽两侧面用素地锦。（图 2.1.26、图 2.1.27）

南宋时期，宋室偏安江南，统治地域虽大大缩小，但江南地区的建筑技术对后期明代建都南京、迁都北京及中原园林建筑营造技艺的影响都很大，并将干栏式、抬梁式南北传统做法融合一体，使精巧秀丽的南方建筑风格进一步发展。

八、元代

忽必烈成功争得汗位后，为了便于统治，于 1267 年在北京建大都，此后形成皇帝带领朝臣沿上都—察罕脑儿宫—大都路返两都巡幸的制度。元朝历代皇帝都继承两地巡视朝政的法规。1330 年，元文宗在巡幸途中发起政变，夺取政权后又在长城关内就地建中都，两年后元文宗病逝，中都停建。

元入关后为建都城大量掳掠工匠，编制匠户制。据《元史·百官志》载，1236 年搜刮中原工匠得七十二万户，江南籍工匠有艺者十余万户（三十人为户）。当时朝廷、王府、贵族都经营各种手工业作坊，工匠沦为工奴，只领得糊口的口粮，工匠就这样丧失了自由发展的积极性与创造性。

在营造方面，元代不奉行宋《营造法式》用材规范，顺其木材自然大小自由定制。在教堂、修道院建筑中也出现了一些关外做法。又因元朝在"马上打天下"，文化政策较为宽松、粗放，且文人因元朝科举制度的不公平、不合理，很难走科举入仕之路，因此大批文人转而创作诗歌、戏曲，故昔时元杂剧盛行。为增大戏剧演出空间，竟出现大额式肥梁胖柱做法。以移柱造抬梁式（偷梁换柱）成了元代正规化的建筑模式。

九、明代

明朝推翻元朝统治，得工匠约70万人，将许多工匠从工奴地位中解救出来，并将元代及明初匠户制逐渐改为雇佣制与官营班匠输役制，将两种工匠制度兼顾而赋予工匠发挥技艺的自由。

由于明代手工业发达，赢得百业俱兴，除了明朝都城南京、北京这两座政治与经济中心都市，还促使了原有的城市发展成新的商业大城市。如苏州、扬州、松江、宁波、杭州、广州等东南沿海城市日益繁荣起来，成为"百物皆仰给于贸居"的经济商贸发达集市，同时也给徽商崛起带来了生机。

由于明代手工业技艺创新发展，出现了许多相关的科学技术著作，如徐光启的《农政全书》、宋应星的《天工开物》、方以智的《物理小识》等。遗憾的是，未见明代营造业官方编撰之著作问世，只有将元代撰《经世大典》中的"工典"所载二十二种相关内容收编于明代《永乐大典》之中。但在1900年，八国联军侵占北京，掠夺与烧毁了《永乐大典》，只有"驿站""仓库""画塑"等少数片段得以残存。现只有留存于民间午荣的《鲁班经》、计成的《园冶》以及《明·地方志·八卷中》有关于对建筑的介绍；刘侗、于奕正合撰的《帝京景物略》是介绍京城郊区园林寺院、陵墓祠宇、桥堤等景物之建筑著作。

十、清代

清代工匠制度由明代官营手工业的班匠输役制改行为雇役制，营造匠师们可自行设计，促进了宫廷园林建筑的发展。造园设计者多为江南名匠，特别是乾隆后至清末皇宫园林修建频繁，其中出现各种技艺风格，并特设内工部、算房、样房等部门工匠。代表为样式雷，是指由雷发达（江西南康人）为首的雷家世袭主持园林建筑设计、预算、放样多项科目，现故宫博物院收藏雷氏图纸千幅。

清雍正十二年（1734年）颁布《工部做法》官方典籍。清末至民国还有诸多建筑名著问世，如姚承祖的《营造法源》介绍苏州香山派做法、朱启钤创办《中国营造社》之汇刊、陈明达的《营造法式大木作研究》、梁思成《清式营造则例》、刘致平的《中国建筑及类型》、童寯的《江南园林志》等专业著作。

从建筑发展看，年代越晚越有精致化及装饰化之倾向，失去实用性追求装饰性之小构件也增多。值得注意的是，雕刻装饰过于精细将会损及结构力学功能，应提倡结构与装饰两者兼顾之工艺做法。

第二节
明清木构架

徽州明清建筑木构架由河姆渡干栏式建筑沿袭而来，至明代演化成定型格局。建筑形式的本身虽然是营造技术与艺术的产物，实质是一种与社会制度密切相关的象征。明代有其特殊的社会根源，根据新旧交替进化论学说，这是一个较上个朝代更为进步的社会，但是明王朝却在营造制度上坚定不移地追奉古制。《周礼》载："太庙之堂，亦尝有说，官致良工，因丽节文，非良材也，盖曰贵文也。"朱元璋登上皇位后为巩固政权，在治国方针上尊奉《周礼》，在营造上更是尊崇孔子礼制建太庙。

徽州南宋大儒朱熹在晚年所撰的《仪礼·释宫》中制定："君子将营宫室，以家庙（宗祠）为先，立与正寝之东（左方），厩库为次，居室为后。"故程朱理学对徽州古村落规划营建布局影响很大，即"礼不衰，制不变，形也不变"。《周礼·考工记》也有"左祖右社、前朝后市，市朝一夫"之说。这也可解释为《周礼》建祠庙祭祀建筑形成千年一贯制的原因，故徽州各氏族宗祠造型大同小异。

明代虽然在建筑营造力求恢复古制，但因接二连三地营建（南京、凤阳、北京）三都宫殿，高筑城陂、开荒积粮等国策，《明史·食货志》载："明初工役之繁，自营建两京宗庙、宫殿、阙门、王邸、采木、陶甓，工匠造作以万万计，所在筑城、浚陂，百役俱举。"英宗正统（1436—1449年）、天顺（1457—1464年）之际，三殿二宫、离宫次第兴建。弘治时，礼部尚书倪岳言："请役费，动以数十万计，水旱相仍，乞少停止。"

明代大规模的营建造成建筑材源匮乏，故不得不任其建筑形制急剧变革，明代建筑形制便成了复旧与纳新矛盾的统一体，故而朝廷采取诸多营建制度方面的改革措施，也制定了一些合乎国情的营建制度。于洪武二十四年（1391年），先对亲王分封旧制的建筑规模等级做了压缩。接着洪武二十六年（1393年）《明史·舆服志》对庶民庐舍定制了"不过三间五架，不允许施斗拱……不得僭越"等一系列制度。

这一制度的实施也影响到徽派民居"面阔三间，进深五架"，且子孙延绵只能以内设天井一进进延伸这一定型格局。

大式祠庙建筑体量虽不在营建制度管控范围之内，但也采用了一些节约木材的做法。因斗拱作为礼制营造制度永恒的基本构件"因丽节文"而留存下来，但也从原来的实用功能转向装饰构件，斗拱用材截面缩小，并出挑尺度减少，使屋面出檐尺度随之缩短；外沿木柱以石柱替之；山墙构架大叉手和托脚逐渐消失，并淘汰攀间替木；又采用童柱做法来调节屋面坡度，形成"抬梁换柱"之构架方式来节约木材等做法，极尽木料应用之能事。

第三节
木构架彩绘

木材作为建筑材料有许多优点：木料施工简易，工期短；木材结构装拆方便，采用榫卯穿斗式结构稳定性好；具有弹性，

抗震力强；等等。

但木材为有机物，也存在性能方面的缺陷，如不耐火、易受蚁虫侵蚀。特别是江南地区多雨潮湿，木材易受潮腐烂，所制构件使用寿命大大缩短。

为了有效延长木构架的寿命，古人很早便采用油漆的方法。油漆是以植物性油料（桐油、大漆等）为主要原料，涂覆在物件表面，形成固态薄膜。新石器时代，河姆渡人使用天然漆树的汁液涂抹木器。汉代以来，漆器日渐普及，成为人们日常生活和雅致文化的有机体。采用漆艺制作的日常生活用品有棋盒、化妆盒、漆盘等。漆器上绘制立体彩色线条，刻画游山玩水场景的题材已很常见。东吴的墓葬中，就曾出土了一件漆木屐：木屐前后共有三个小孔用于"绑鞋带"；木屐下方有防滑的足底，方便在南方雨后的泥地里行走。此前，学者曾认为漆木屐出自日本，直到朱然墓漆木屐的出土，人们才发现日本引以为傲的国粹，原来是从中国流传过去的。

徽州漆器以本地产的生漆为主要原料，运用不同的手法和工艺，用于家具、容器和各种工艺品。徽州漆器的制作工艺有镶嵌、刻漆、描金彩绘、磨漆、堆漆五大类，其中镶嵌螺钿漆器最为著名。到了明清时期，官方的支持、工艺的成熟、富裕阶层的奢侈雅致，成为徽州漆器发展的

图 2.1.28　门楼入口透视厅堂图

图 2.1.29　罗东舒祠将军门

推动力。唯一流传至今的漆工专著《髹饰录》，就出自徽州漆工黄成。髹就是涂，这是考验耐心的工序。通常刷十几遍，漆层才到一毫米厚度，而整个漆层需要刷三四十遍。刷一次漆，必须等它阴干，才能再刷一次。而阴干速度，取决于温度和湿度。由于无法采用人工烘干的方式，匠人就只有耐心等待。时间的不确定，往往使极有耐心的人也很难静得下心来。

东汉时期的张衡在《二京赋》中提到，秦汉时期皇宫建筑"屋不呈材，墙不露形"，说的是木构和外墙表面不暴露原材质，必须施以油漆，才符合要求。

古徽州盛行栽种漆树，盛产土漆与桐油，适合涂刷在木构件上预防受潮腐蚀，尔后又加入明矾、藤黄、花椒等涂料来杀虫防蠹，使木构架得到更好的保护。初用时受色彩加工技术所限，涂刷比较单调，只显土漆本色黑褐色，建筑物之间没有明确的等级之分。随着生产的发展、工艺水平的提高及对色彩颜料的认识加深，油漆色彩的应用逐渐丰富多彩，进而演变成彩绘艺术。（图 2.1.28、图 2.1.29）

第二章

木构架彩画分布简介

徽州明清建筑为保护木构架寿命，采取了室内梁架彩画的经典做法。明代表现为梁檩包袱锦彩画，清代为厅堂天棚天花彩画、板壁画、墙纸版画。木构架彩画主要分布在今黄山市各区县具有较高档次的祠宇与民居中。

第一节
梁檩包袱锦彩画分布情况

包袱锦彩画，是用彩画模仿织锦包裹梁柱的一种建筑装饰。元代西溪南绿绕亭（今留存最早的建筑实物）上已有包袱锦彩画，可见明代前徽州境内就有包袱锦彩画装饰作品。

一、歙县徽城镇斗山街许家厅

歙县徽城镇斗山街许家厅建于明末清初，面阔三间，两层楼，底层梁架有包袱锦彩画。（图 2.2.1、图 2.2.2）

二、歙县许村大观亭

歙县许村大观亭建于明嘉靖三十年（1551 年），亭为八角三层歇山顶造型，一至三层梁枋均有包袱锦彩画。（图 2.2.3）

三、歙县许村高阳桥

歙县许村高阳桥建于明隆庆年间，廊桥内木构架绘有包袱锦彩画。高阳桥头还有大观亭、双寿承恩坊等建筑。（图 2.2.4）

四、徽州区呈坎罗东舒祠寝殿宝纶阁

徽州区呈坎罗东舒祠寝殿宝纶阁是整座祠堂的精华部分，由三个三开间加上两尽间，面阔共十一开间，三路三进台阶。

宝纶阁梁檩上包袱彩画、经纬大线交织方框，线条粗中有细、直中有曲。内绘

图 2.2.1　许家厅构架、天棚

白色团花等，色彩上有深有浅，色调上有冷有暖。枋上彩画两端为方钱、锁纹箍头，枋心为荷莲写意画。(图 2.2.5、图 2.2.6、图 2.2.7、图 2.2.8)

宝纶阁以巧妙的结构、精致的雕刻、绚丽的彩画，显得精致典雅、美轮美奂，集古、雅、伟、美于一体，堪称明代古建筑一绝。

作为寝殿的宝纶阁原为一层，始建于明弘治七年（1494 年），嘉靖年间建成。隆庆六年（1572 年）又加盖一层，整幢祠堂经三次续建才圆满落成。

整座祠堂气势宏大，特别是宝纶阁在梁檩上绘有徽州地方特色的无地仗包袱锦满堂彩画，并在梁头雀替、丁头拱、梁柁、小童柱、复盆柱托等木构件上施以玲珑剔透的木雕，堪称雕梁画栋、国之瑰宝，文物价值极高。

五、徽州区呈坎长春社

徽州区呈坎长春社属祭祀土地的建筑，宋神宗在位期间（1068—1085 年）迁建于此，明嘉靖四十五年（1566 年）重修。

五凤楼门厅面阔 18 米，五开间，内进七开间 36 米，外挂"长春大社"匾额，内进挂"春祈秋报"匾。内构架绘有包袱锦彩画，枋（平川）上绘有凤凰花卉图纹，截柱也有木纹彩画。（图 2.2.9）

六、徽州区西溪南老屋阁宅旁绿绕亭

徽州区西溪南老屋阁宅旁绿绕亭始建于元天顺元年（1328 年），平面六柱一间

图 2.2.2　许家厅"至圣先师"匾、像

方形，歇山顶造型。明景泰年间（1450—1457 年）至清末光绪年间（1875—1908 年）历经四次重修，梁檩上绘有包袱锦彩画，还保留原建时原样，未见重修彩画的痕迹，但纹饰已很难辨认。袱边子内好像以青白二色做经纬线，格子内以黄底白花勾出团花锦纹。袱边子似乎采用了红底白花为图案，桁条上遍刷土黄色底，以黑色绘松木纹。因年久失修，褪色粉化严重。（图 2.2.10、图 2.2.11）

七、唐模水街高阳桥

徽州区唐模水街两券门入口也有一座廊桥名高阳桥，建于清雍正年间（1723—1735 年），廊桥构架梁枋绘有包袱锦彩画。（图 2.2.12）

八、屯溪程氏三宅 6 号宅

屯溪程氏三宅 6 号宅建于明嘉靖年间。建筑平面为曰字形，徽称"一脊翻二堂"，前后靠壁天井，面阔底层暗五间，楼层明三间，较为宽敞，二层楼厅为会客厅，可称"徽州第一楼厅"，梁枋绘有包袱锦彩画。（图 2.2.13）

该建筑还有另一装饰特色，即在厢房内板壁上装裱徽州版画壁纸，图纹以花卉为主，也有单色和套色人物、景物等版画，反映出 15—17 世纪徽州版画高超的艺术造诣。著名的美学理论家王朝闻到程氏三宅参观，认为这些版画实乃上品。

图
2.2.3

许村大观亭

图 2.2.4　许村高阳桥

梢间　边间　二次间　次间　明间　次间　次间　边间　梢间

图 2.2.5　宝纶阁面阔十一开间

图 2.2.6　宝纶阁明间

图 2.2.7 宝纶阁前廊拱轩

图 2.2.8 宝纶阁鱼吐水纹

图 2.2.9　长春社凤凰花图案

图 2.2.10　绿绕亭　　　　　　　　　　　图 2.2.11　绿绕亭梁檩包袱锦彩画

图 2.2.12　唐模高阳桥

2.2.13　程氏三宅 6 号宅二层客厅

九、屯溪柏树街 28 号宅左侧程氏祠堂

屯溪柏树街 28 号宅左侧程氏祠堂后寝山墙边帖枋上绘有几何花纹彩画（建大润发超市时被拆除）。还有一进士宅第。该宅梁枋上也绘有彩画，亦被拆迁至唐模景区内。

十、休宁古城岩景区内朱仁宅

休宁县枧东村朱仁宅建于明末清初，原属休宁月潭村朱奋公所建，2001 年移建到古城岩景区内。该宅后进堂梁枋上绘有包袱锦彩画，柱头上截也有松木纹彩画，属少见之做法。天棚天花绘有平棋彩画，文物价值极高。现只留存后堂部分彩画。

（图 2.2.14、图 2.2.15）

十一、休宁县枧东村吴省初宅

休宁县枧东村吴省初宅建于明末清初。梁枋有包袱锦彩画，柱头上截也有木纹彩画，天棚有天花彩画，彩画风格与朱仁宅相似。先在天花板上绘松木纹画底（地仗），中央绘圆形双凤锦大堂子（团科锦），四角绘制四季花卉、小团科图案，这是明代画院工笔画主流风格。张仲一、曹见宾等合著《徽州明代住宅》载该宅存有明代彩画。但该宅现已毁，唯留下昔时照片。（图 2.2.16、图 2.2.17、图 2.2.18）

十二、绩溪县城北街孔庙

绩溪县城北街孔庙始建于宋，后毁

图 2.2.14　朱仁宅天棚天花平棋彩画

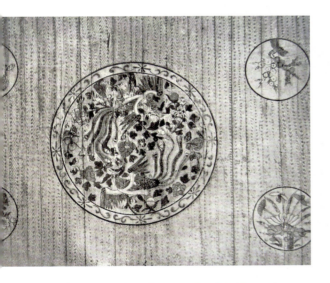

图 2.2.15　朱仁宅天棚天花平棋彩画（局部）

于战火，明代重建，清乾隆年间（1736—1795 年）修缮。

据传，孔庙内大成殿悬挂的"万世师表"匾额为乾隆御笔。该建筑所绘的包袱锦彩画与明宅包袱梁画法有所不同，在袱边子外画有聚画云纹找头，连柱子上截也绘有云纹彩画，下截柱子刷朱漆，整座建筑暖色调较浓，属徽式包袱彩画又一特例。
（图 2.2.19、图 2.2.20）

第二节
天花彩画与厢房板壁画
分布情况

自元至民国时期，徽州各类建筑文化遗存为人们了解和研究具有特色的古村落提供了丰富的样本，是极有价值的实物遗存。

徽州明清民居厅堂天棚天花彩画与厢房板壁画的分布属黟县最具代表，作品较多。当地士夫巨室多将厅堂作为迎宾、庆典等活动的场所，宽敞高大，中堂悬挂颂匾及家训泥金木楹联，古典家具陈设古色古香，并在厅堂楼板底绘天棚天花彩画。值得一提的是，厢房内家具装修别具一格，以鸳鸯床（千工床）为卧室主体家具，围绕千工床布置的橱柜家具都是按房间内空尺寸定制固定组合，不能移动或搬走。在床顶与天花板底立体空间装有阁楼式储藏

图 2.2.16　吴省初宅天棚彩画

图 2.2.17　吴省初宅梁枋彩画

图 2.2.18　包袱锦蓝底白花布（凤戏牡丹）同吴宅天棚画风格

图 2.2.19　绩溪县孔庙包袱锦彩画（1）

图 2.2.20　绩溪县孔庙包袱锦彩画（2）

间，窗台下还安装有橱柜式写字台、梳妆台等，一物多用，利用率高，空间设计紧凑合理、功能齐全。更引人注目的是，厢房与厅堂等部位空间用木鼓门分隔，并在间壁板上绘壁画、天棚上绘天花彩画，连橱柜板门上也绘有彩画，真乃富丽堂皇、熠熠生辉。

一、黟县关麓村汪氏八大家

黟县关麓村汪氏八大家宅，系同宗兄弟八人所建的八座豪宅。外观上八座宅院自成单元，实际上是楼与楼连通，是宗族观念与家族势力的生动写照。（图 2.2.21）

老大家汪令銮"吾爱吾庐"书屋，老二汪令铎"淡月山房"，老三汪令珍"九思庭"，老四汪令钰"瑞霭庭"，老六汪令钟"敦睦庭"，老八汪令锽"春满庭"，各具特色，且都有天花彩画。有的厢房木板壁、吊柜板壁、窗门板上也有彩画。（图 2.2.22、图 2.2.23）

老八家汪令锽"春满庭"左厢房壁柜内绘有"郭子仪拜寿图""周文王访贤图""唐明皇夜游月宫图"三幅历史典故彩画，右

图 2.2.21　关麓村汪氏八大家宅

厢房壁槛内上图为月季花，下图为"麒麟送子图"，两边槛门上绘"教子有方图"。房间木板壁上绘红色花卉锦纹，整个厢房内为红色暖色调。

老四家汪令钰"瑞霭庭"天花彩画上有宝瓶、扇形、钟形、鱼形等各种花锦堂子，堂子内为山水、人物等写意图。边框用拐子龙汉纹，间隔式小团科写意画山水、花卉等图案。

老六家汪令钟宅"敦睦庭"天花彩画，风格同老四家"瑞霭庭"。老二家

汪令铎"淡月山房"为小姐居室，天花边框绘不间断锁纹，天花内绘红底白花，中间布有红色蝙蝠，寓意五福临门，色彩火红艳丽。

老三家汪令珍"九思庭"厅堂天花，与老四家"瑞霭庭"风格相同。老大家汪令銮"吾爱吾庐"书屋内廊天花边框为锁纹间隔式小团科山水画，天花绘散点式红色蝴蝶与黑叶子花，称蝶恋花亲密相连。

二、黟县宏村承志堂、树人堂

黟县宏村是一座奇特的牛形水系的古

村落，被誉为"中国画里乡村"。村中古民居好似一幅画卷，其中承志堂建于清代咸丰年间（1851—1861 年），装饰特色甚浓，不但绘有天花彩画，还有雕梁画栋，商字门头与长格扇裙板雕刻油彩描金，富丽堂皇。（图 2.2.24）

承志堂厅堂天花边框为拐子龙汉纹，间隔团科图案山水画。天花有水藻花与宝瓶、圆形花锦堂子，堂子内绘人物、山水画。（图 2.2.25）前厅连廊平顶天花彩画。（图

图 2.2.22　"汪氏八大家"之老四汪令钰"瑞霭庭"

图 2.2.23　"汪氏八大家"之老八汪令锽"春满庭"

2.2.26）拱轩廊雕刻描金。（图 2.2.27）吞云轩排山阁过道天花绘黑叶子花，边框同厅堂拐子龙纹，间隔团科图案。（图 2.2.28）偏厅天花绘以水藻纹，边框同厅堂。（图 2.2.29）太师壁为商字门头。（图 2.2.30）长格扇门裙板人物雕刻、描金油彩。

黟县宏村树人堂，亦建于清咸丰年间，天花彩画，松木纹画地上画红色彩蝶，蓝黑椰子花枝，蓝色不间断回纹画框。

三、黟县西递村笃谊堂、戴德堂

位于黟县西递的笃谊堂，又名枕石小筑。正堂"瑞玉庭"天棚彩画非常精细，有宝瓶、葫芦、圆月、团扇等形状的花锦堂子，堂子内绘有人物、花鸟等图案。锦地上（画地）用回纹与白色梅花交织成四方连续花边，在菱形方格内绘一朵小白花，画面精美细腻。

笃谊堂左厢房内天棚画"双凤朝阳"。四周木板壁花鸟图栩栩如生，色彩保存艳丽。右厢房天花边框为蓝色不间断回纹边，顶棚白地仗红色卷藤花，五只红色蝙蝠，四周木板壁油紫红色漆。（图 2.2.31）槛窗栏板内绘"麒麟送子图"，两扇槛门为"金童玉女献花图"，板壁绘红色小方格花锦纹。

西递村戴德堂天花彩画绘水藻纹，边框为回纹间断团科山水画。（图 2.2.32）

四、黟县南屏村行吾素轩、倚南别墅、李家弄 3 号宅

黟县南屏村内不仅有祠堂博物馆，还有端庄典雅的古民居。村中行吾素轩建于清咸丰年间，居仁区 29 号倚南别墅和李家弄 3 号宅建于晚清时期，同属清代彩画风格，彩画类型基本相同。上述民宅的厅堂、厢房绘天花彩画，板壁、橱柜上绘有壁画。

行吾素轩厅堂天花，边框为锁纹间隔式小团科图案，山水写意画，天花内部有方、圆、瓶、钟等小型花锦堂子，堂子内绘写意画。（图 2.2.33）

南屏村倚南别墅明间厅堂天花，边框有锁纹团科图案山水画。天花内部以水波纹配游鱼，如水中游鱼活灵活现。在左厢房阁楼板壁上绘有"郭子仪拜寿图"，厢房窗台护栏板上绘"麒麟送子"，门扇板绘有"教子有方"与童子手举莲花寿桃、喜鹊飞舞的"童子嬉乐图"。（图 2.2.34）在右厢房天花上绘有"双凤戏牡丹"彩画。（图 2.2.35）

南屏村倚南别墅和李家弄 3 号宅与关麓村春满庭三幢建筑左厢房的吊柜上都有"郭子仪拜寿图"。郭子仪在民间被称为"十全老人"，该图画的是他寿诞时膝下儿孙满堂，文武百官排队给他拜寿，画面非常热闹。

图 2.2.24　黟县宏村承志堂

图 2.2.25　承志堂厅堂天花

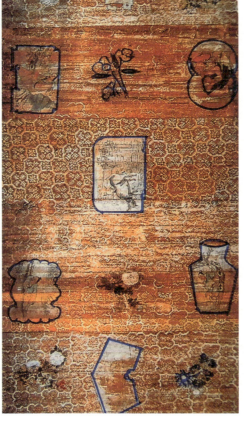

图 2.2.26 承志堂前厅连廊平顶天花彩画

图 2.2.27 承志堂拱轩廊雕刻描金

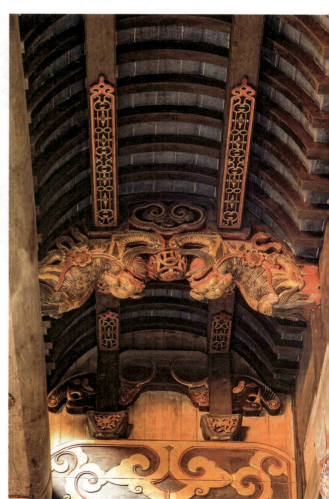

图 2.2.28　承志堂吞云轩排山阁过道天花

图 2.2.29　承志堂偏厅天花

图 2.2.30　承志堂太师壁商字门头

图 2.2.31　笃谊堂天花彩画

图 2.2.32　戴德堂天花彩画

图 2.2.33　黟县南屏村行吾素轩天花彩画

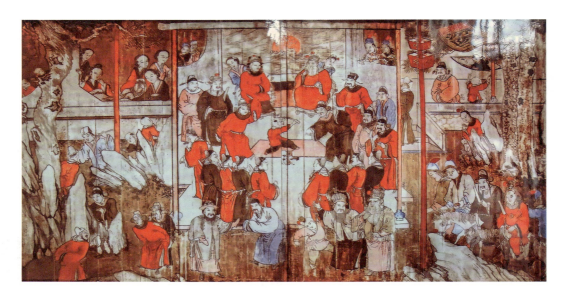

图 2.2.34　倚南别墅"郭子仪拜寿图"

图 2.2.35　倚南别墅右厢房天花彩画

第三章
梁檩包袱锦彩画

包袱锦彩画："包袱"一词本指用于包裹衣服、行李等物件的布（巾）。（图2.3.1、图2.3.2）包袱锦彩画属建筑上"彩画作"中的一种表现形式，通过彩画艺术，将其以包袱形状画于建筑木构件梁檩上，类似包袱式样的一种彩画装饰形式。

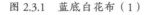

图 2.3.1　蓝底白花布（1）　　　图 2.3.2　蓝底白花布（2）

第一节
上、下搭包袱形状

明代彩画称包袱为袱子，清代以来普遍称为包袱彩画。按包袱位置形状有上搭包袱与下搭包袱之分，依包袱画的袱边子（箍头）的开口方向而定，位于梁肚向梁背袱边子开口向上者称上搭包袱，反之称下搭包袱。

徽式包袱彩画一般多用上搭包袱，袱边子从梁肚中心合拢为尖角，再由梁内外两侧向梁背延伸，开口向梁背画成包袱形状。（图2.3.3）

在徽派建筑中，唯有跨度较长的梁

图 2.3.3　宝纶阁包袱梁板凳"卐"字纹大梁彩画

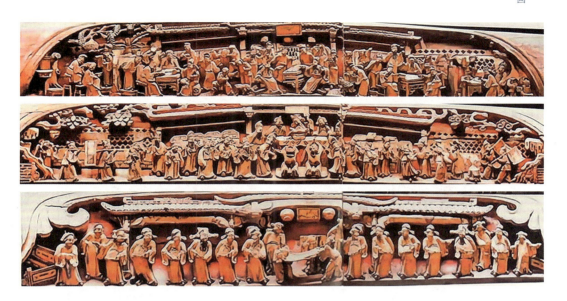

图 2.3.4　承志堂木雕梁开口向下

上木雕包袱锦图案采用下搭包袱。木雕包袱锦梁肚一般不施雕刻，为素平视面，梁正侧立面木雕图案多为人物故事题材，为扩大图案视域面多采用下搭包袱。

黟县宏村承志堂内大梁（拱形梁）上之木雕，即属下搭包袱。包袱锦木雕图案采用"百忍图""郭子仪拜寿图""唐肃宗宴官图"等人物多、场面广的故事题材，使图案视域面增大。（图 2.3.4）

京式包袱锦彩画吸收了苏式包袱彩画的风格。京式包袱彩画并非独立画于单根梁檩构件上，京式建筑构架多以柁梁（大梁）上重枋，枋上再重檩条，以三个部件连成一体，因各构件连叠处都有一道缝隙，

故作画前需打地仗，将各构件连成一个整体画面。

地仗遍数多寡会以彩画等级而定，多者由"一麻一布六道灰"构成。为突出包袱画面主题，多采用写意画手法，常用人物、山水为题材。（图 2.3.5、图 2.3.6）

京式包袱锦彩画，喜绘山水、人物、花鸟等，线条较粗犷，袱边框线用叠晕着色，色彩较浓艳，透着北方的豪迈与大气。（图 2.3.7、图 2.3.8、图 2.3.9）

与京式包袱锦彩画有所不同，徽式包袱锦彩画是单独在梁檩上画包袱锦形状，方心内以工笔手法画宋锦纹或几何团花织锦纹。苏州一带民宅梁架彩画，常用单根

徽派建筑
彩画
传统技艺

图 2.3.5　清式旋子彩图

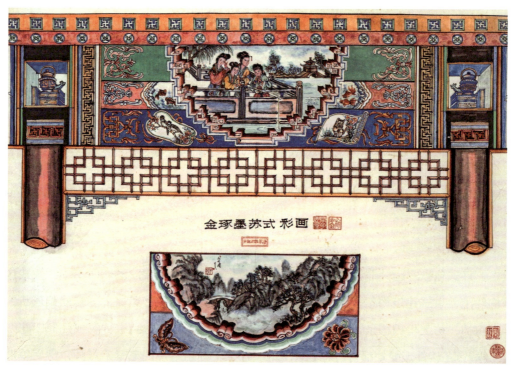

图 2.3.6　苏画软、硬箍头

梁上的包袱形状绘锦纹，线条精致纤细，色彩较清新淡雅，透着南方的含蓄和隽永。袱边子外梁两端只显木表本色，少有聚锦画；梁两端底带有木雕花机、斗拱或者雀替等木雕构件作为陪衬，代替聚锦画。

第二节
袱边子（箍头）形状

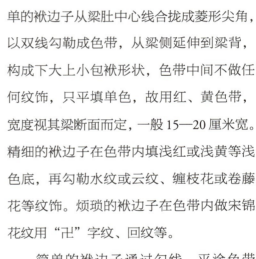

徽式包袱彩画的袱边子有简有繁，简单的袱边子从梁肚中心线合拢成菱形尖角，以双线勾勒成色带，从梁侧延伸到梁背，构成下大上小包袱形状，色带中间不做任何纹饰，只平填单色，故用红、黄色带，宽度视其梁断面而定，一般15—20厘米宽。精细的袱边子在色带内填浅红或浅黄等浅色底，再勾勒水纹或云纹、缠枝花或卷藤花等纹饰。烦琐的袱边子在色带内做宋锦花纹用"卍"字纹、回纹等。

简单的袱边子通过勾线、平涂色带形成一种明晰古朴的布巾效果；绘有缠枝花、水纹、云纹者显示细腻锦绣的布巾效果；采用"卍"字回纹图案者形成严谨、富贵、华丽的布巾形象。（图2.3.10）

京式包袱彩画与徽式袱边子画法截然不同。京式袱边子是从梁侧面由下而上绘制成"U"型向上开口的上搭包袱。袱边子主要有软、硬图纹两种画法，软袱边子

图 2.3.7　苏画软包袱（1）

图 2.3.8　苏画软包袱（2）

图 2.3.9　苏式包袱带聚锦画

图 2.3.10　宝纶阁二道梁

采用烟云纹、水纹以双道线构成飘带流动感，硬袱边子采用方形（汉纹）双道线构成方正稳定形状画框。袱边子双道线由内向外采用由深至浅逐渐退晕技法，产生较强的凹凸立体效果。

京式包袱彩画为清代才有的一种彩画作，包袱画一般占构件面积的 1/2，包袱锦外围伴绘聚锦画作为陪衬画，梁端画有多道找头、卡子，在找头与卡子内填花卉、博古器物等图纹。

按梁、檩、枋构件造型不同，构成包袱画形状也有所不同。如瓜梁（拱梁）截面为椭圆形，袱边子形状为菱形或椭圆形；檩条截面为圆形略平底，袱边子形状为如意形；牵枋（平川）多位于尽间山墙边帖部位，为长方形截面扁平状，多为方形汉纹箍头。

由于梁檩跨度较长，袱边子由梁肚向梁背开口，不需相接闭合。枋（平川）扁平形，在同一可视面（匠话：看面）上，袱边子（箍头）随枋的形状上下相连成画框。

第三节
图纹灵感图案

方心内做锦纹是包袱彩画中构图的重点部分，方心的花纹图案花样很多，有几何方、圆、菱形与植物、花卉、宋锦纹等。中国"四大名绣"之一的苏绣，在明代吸取了文人画的特点，提升了艺术价值。苏绣文化表现出了如水般的清新、柔美、灵动的特征，为建筑包袱锦彩画提供了丰富的题材。如明代苏州古市巷吴宅梁架包袱彩画，方心以十字交叉深色线条将海棠纹灵芝花穿成包袱锦，又在包袱锦上添黑叶子花纹与双钱图，构成重叠层次的苏州地方绘制方法。（图2.3.11、图2.3.12）

苏地民居包袱彩画的锦纹不仅种类多样，而且制作精美，发扬了苏绣艺术风格和图案上的优点，在创作构图上比较自由，色调上比较柔和，常用浅色作画，呈现出淡雅别致的风格，营造出一种柔和、安逸、宁静的氛围。

明代以来，苏式包袱彩画被引入徽州，在此基础上做了一些调整，构成徽州包袱锦彩画自身图纹风格。

一、四方连续图案

以四方连续图案为基调，即"以方为基，剖方为圆，方圆成角，分格成边"，以中心式为主体向四周辐射。常用的有均衡型、旋转型两种，前者为静感图案，后者为动感图案，一个庄重、大方，一个活泼、灵动。这类组合图案在中心式之外，还有对称式、呼应式、散点式、堂花式、满地锦式等多种，可按照不同位置灵活选用。

二、几何图形间隔式组合图纹

用方形间隔六角、八角等多边形或圆形间隔菱形，用白线压黑线连成格子锦，并在几何图形内填团花或朵花。

三、用宋锦纹与团花结合图纹

如宝纶阁构架后金步梁，方心用宋锦纹"板凳卍字"，四方连缀满地锦采用团花间隔式点缀其中。为使团花、朵花凸显出来，再另用白色描花瓣。宝纶阁室内彩

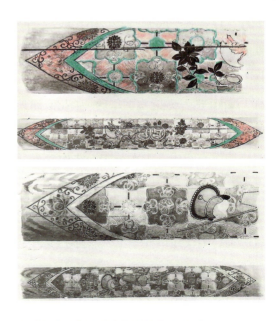

图2.3.11　苏州古市巷吴宅包袱梁（1）

图2.3.12　苏州古市巷吴宅包袱梁（2）

画木表用浅黄色做底，檩条和梁袱上包袱锦彩画。锦纹处理得非常细腻，袱边子框和经纬大线交织成方格或菱形格内绘彩色团花，色彩上有深有浅、有冷有暖、线条上有粗有细、有直有曲，总体看来，庄重而不轻浮，简洁而不烦琐，营造了祠堂的大气派。

徽式包袱方心构图按一定规律，从梁肚中心轴线向梁两侧立面均衡分布，随构件截面面积大小进行变化，有一整两破、三整两破等组合排列形式。

四、方心内构图连缀式

方心内构图连缀式，先在散点图纹的基础上，用其他纹样或线条将散点单元花连缀起来，使整幅画面的纹样相互穿插连成片。连缀式一般分方向转换连缀、菱形连缀、阶梯形连缀、波纹形连缀四种方式。

包袱锦四方连缀式常见有连缀满地画，满而不乱，观之富丽华贵、繁花似锦。徽匠将满地画文章做在"满"字上，设计时画面中心突出，主次分明，结构紧凑、完整，空地少，层次并不复杂。（图 2.3.13）

徽式梁檩包袱锦彩画，柱子上大多不做彩画。明代建筑柱子上做彩画其少，只在上截柱上做同彩画相匹配色漆，下截做灰黑色漆。但也有少数建筑如呈坎长春社（土地庙），于明嘉靖年间重建，原下堂枋（平川）上绘折枝花写意画，柱上截绘有木纹彩画。

明末清初，包袱锦彩画连柱头做木纹、云纹彩画的增多。如歙县斗山街许家厅、休宁古城岩景区内朱仁宅内柱子上截的木纹彩画。 原属古徽州的绩溪县北街孔庙大成殿，初建于宋，后毁于明，重建于清初，梁架包袱锦彩画在袱边子外绘有云纹找头聚画，连同柱子上截也绘有云纹彩画，下截柱子为朱漆，整幢建筑彩画暖色调较浓，等级属上五彩，显得富丽堂皇，这是包袱锦彩画一大特例。（图 2.3.14）

第四节
观念布设

徽式彩画在整幢建筑构架上布设包袱锦彩画。对彩画的构图设计，徽匠按传统的中庸之道和等级观念进行布置。

呈坎宝纶阁构架为十一开间，进深为四柱三间加前后沿廊共五间（体量大于皇宫的九五之尊）。为抬高整幢祠堂寝殿的地位，明万历年间，宝纶阁在保持底层原人字轩屋脊做法的基础上，又加盖了一层。底层原为露明三架抬梁明砌造宋式做法，拱梁（瓜梁）跨度长，用料颇大，梁端底装有精致的木雕翼形鳌鱼吐水雀替，三架梁与山界梁底装丁头斗拱。抬梁长度与梁截面也随之递减，牵连彩画由下而上，由

图 2.3.13 连缀式满地画

繁而简。明间悬挂"继序嗣远"匾额，题词出自朱熹在《罗氏族谱》序中之赞语。

宝纶阁彩画布设以明间为主，彩画面积与繁简档次向两边间、两次间、两梢间、两尽间递减。明间拱梁方心内织锦纹烦琐精细，在梁腮内绘有方钱纹聚锦画。山步梁方心内只绘一包袱锦，方心图纹也较简单，方心外两端梁腮内未绘聚锦画。尽间紧贴山墙构架下道枋（平川）方心绘汉纹箍头画框，方心内绘黑叶子花。上道为琴面形贴墙梁，绘简单的包袱锦方心画。

宝纶阁前沿廊与后沿廊造型也有等级之分。前沿廊做拱轩顶，轩童柱雕成一朵荷花立在莲台柱托上，造型奇特精美。后沿廊只顺大屋面人字轩出檐，造型较简朴。

沿檩与脊檩上都有重叠椽栿（椽眼枋）

图 2.3.14　柱头彩画

复合，上下金檩未设椽栿。檩条略平底，童柱设丁头拱串花机，木雕花机约占檩条长度 1/3，包袱锦画约占檩条长度 2/3。菱形夹角约 60 度，小于拱梁袱边子夹角。（图 2.3.15、图 2.3.16）

梁檩上包袱锦彩画一般都是独立存在的，即袱边子外大都无找头聚画。如屯溪程氏三宅 6 号宅、歙县斗山街许家厅等建筑袱边子外无聚画，素净无华只显木表。

唯有呈坎宝纶阁、绩溪县城北街孔庙大成殿等级较高的建筑，在袱边子外、梁腮内有找头聚画。宝纶阁为外方形套菱形四边穿灵芝结方钱聚画，绩溪县城北街孔庙大成殿为云纹聚画，分别寓意"眼前有钱"、"抬头好运"（云与运谐音），连接柱头也有云纹图案，寓意"好运当头"。（图 2.3.17、图 2.3.18、图 2.3.19、图 2.3.20）

图 2.3.15 "继序嗣远"匾额

图 2.3.16　前廊拱轩

图 2.3.17　四梁相交——柱梁底雀替及梁腮包袱
外方钱聚画（1）

图 2.3.18　四梁相交——柱梁底雀替及梁腮包袱
外方钱聚画（2）

图 2.3.19　荷花童柱

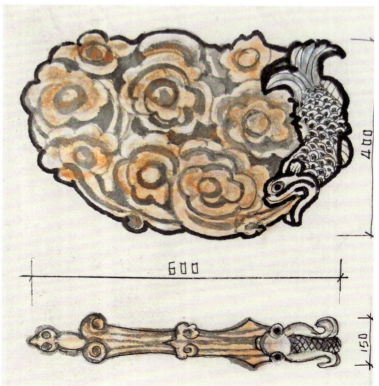

图 2.3.20　木雕雀替
　　"鱼吐水"

第 四 章

天花彩画

徽派民居天花彩画图样，清代较明代有明显的变化。休宁枧东乡吴省初宅，建于明代，天花板上使用松木纹画底（地仗），有圆月形花锦堂子（团科图案），这是明代画院工笔画的主流画风。而清代在明代的基础上产生了新的图案变化。如黟县清代民居天花，一是很少用松木纹画底，多用小方格"卍"字纹、回纹等白色线描图纹画底，再用花瓶、书卷、圆月、花叶等形花锦堂子，堂子内绘山水，花鸟、人物等图案，趋于清代文人画风格；二是外边框加宽约15厘米，内用拐子头汉纹与团科图案相间组合，团科图案与天棚内花锦堂子图案基本相同，用清代文人画风；三是天花板上也有用散点式蝴蝶与黑叶子花卉等图案，用自由组合格式的写意风格。上述天花彩画图样，凸显了黟县清代民居天花技法，无论是图案、色彩还是构图上都有浪漫之处。

第一节
定义

建筑物内用以遮蔽梁上部的构件称天花。以楼板格栅分成方格，清式称井口天花，宋式称平棋天花。若用小木条做成小方格，称平闇，平闇是北方常见的做法。在天花上常用许多装饰花样，有贴斑竹、做镂雕的，但常用的还是彩画。据《逸周书·作雒》载："乃位五宫、太庙、宗宫、考宫、路寝、明堂……设移旅楹、春常画旅。""春常"指宫殿厅堂天花板上的彩画装饰。

徽州古民居木楼板多用建宅遗留下来之边角料小木条穿梢成拼装楼板，为遮挡

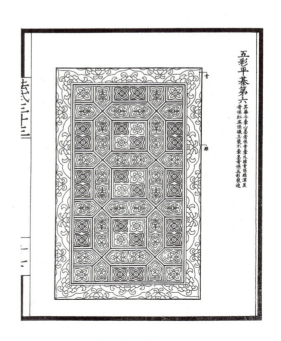

图 2.4.1　五彩平棋墨线图

图 2.4.2　小方格平闇天花

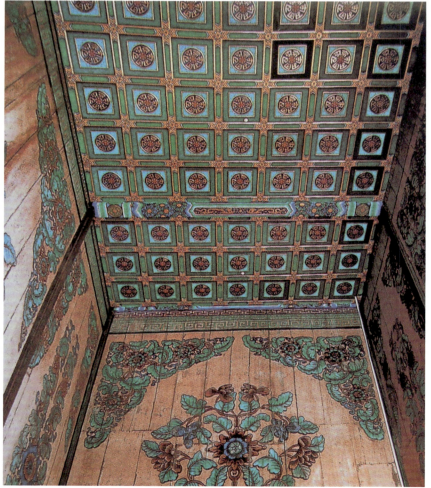

图 2.4.3　北京颐和园无梁殿平棋天花

图 2.4.4 笃谊堂右厢房平棋天花

楼板缝隙漏灰尘与美观，就于楼板底铺拢缝天花板（天棚）。古代称之为仰尘。天花板以楼板格栅分格是徽州普遍的做法，为宋式平棋天花。民居厅堂天棚受春常画旅的影响，采用天花彩画装饰。《古代建筑辞典》载：在较小的房间内，每间只用一块框架塌板，称海塌天花，并直接在板上作画者称硬天花，糊裱彩纸者称软天花。（图 2.4.1、图 2.4.2、图 2.4.3、图 2.4.4）

徽州民居内的天花有五彩遍装的绘画风格。天花彩画图纹多以写生花卉为主，并以民间绘画工艺技法，将各式宋锦纹综合利用，色彩用深色绘图案、浅色刷画地相互衬托，形成五彩缤纷的精美色调。

第二节
天花彩画技法

一、画地施工方法

厅堂与厢房功能不同，所绘彩画在主题、展现方式等方面也有所区别。

厅堂是主人接待客人的场所，家具摆设、楹联字画及装饰都展示着主人的价值观、审美观。在天花装饰上采用硬天花做法，四周一圈边框宽约 20 厘米，线条勾勒内蓝外黑两道，框内用间断式拐子锦，中间绘制山水、花鸟图纹、小团科图案。天花中心图案层次分明，画地底图常用白色颜料绘"卍"字纹、流水纹、散点花等图案。

但底图上先设花锦堂子，有书卷、葫芦、宝瓶、圆月等，堂子内填人物、山水、花鸟、鱼虫等题材图案，以工笔绘画，精细耐看，色彩淡雅。厅堂梁、栅大多不施彩画，只刷朱漆。两者一繁一简，两色一彩一素，形成一深一浅的对比，体现文人雅士追求动静刚柔的情操。

厢房内天花、板壁、厨门、千工床上皆绘彩画，题材多表达人们对美好生活的向往，多以忠孝节义、多福多寿、多子多孙、升官发财等世俗观念为主题，色彩较厅堂彩画浓重，看之怡情怡性。

硬天花的做法是先在天花板上直接刮单皮油灰，做好板缝与平整度处理，然后做画地（苏式称锦地）。做法有简有繁，简单者仅刷白色底，再刷黄、绿等色。做画地在白粉内用胶量稍大些，确保粉底有黏结力。浅色的画地可在白粉内调剂少量的颜料，使底色成为浅色。有不施彩底的，只显木纹，称素地。也有在浅色画地上绘同颜色的深层次木纹，云纹隐线作为彩地，再在彩地上画图案。如宏村树人堂厅堂天花绘黑叶子折枝花与彩蝶之类的图案。（图2.4.5）

二、图案布局

在图案的布局及工艺手法方面，不同民居艺术风格各有不同。如西递枕石小筑正堂天花彩画为花锦堂子，绘宝瓶、葫芦、

图 2.4.5　宏村树人堂彩绘

扇、圆月等造型，在堂子内绘花卉、山水、景物、人物等图案，再绘斜纹小格满地锦画地。关麓汪氏老四宅瑞霭庭，厅堂天花彩绘花锦堂子与其不同，除了有与老八家汪令钟宅春满庭之厅堂天花彩画相同的宝瓶、葫芦、海棠、圆月等图形花锦堂子，还有鱼、蝴蝶等动物形状花锦堂子。堂子内主题画以人物故事，称人物堂子，如海棠纹内人物为"八仙"中的吕洞宾。

堂子内画山水风景，称景物堂子；画花鸟，称花鸟堂子；堂子内不施彩画者，谓清水堂子。这些堂子图纹题材寓意深远，象征吉祥如意，如以"钟"寓终生平安，以"叶"寓叶落归根，此外还有年年有"鱼"（余）、"葫芦"（福禄）双全等。

三、四方连续花格纹样绘制方法

绘制四方连续花格纹样，先确定画地

范围，刷单披灰地仗；再在平棋（井口）范围内用粉线袋弹成方形、菱形或阶梯形格子，在格子里安排基本单元朵花（小样）图案。将基本单元进行组合后，画面内相互串联成片，成为四方连续花格布锦图纹，构成一幅完整的天棚彩画。

基本单元（小样）图案，古代匠师采用牛皮纸起谱、扎谱、拍谱的传统方法，比较烦琐。小样是基本单元的朵花，可将小样刻成模板图纹，压印在格子所在的位置。镂刻印色时，用橡胶皮或厚塑纸刻一个单元小样，然后找准格子，用毛刷蘸色直接涂刷，还可用多套模子套色印刷成活。制作波纹时，可用厚橡皮胶皮卷筒刻上纹样，蘸上颜色滚印。若在小面积内做不规则自然散点纹饰，可采用抹布扑印法。如歙县斗山街许家厅楼梯间两侧天花即采用抹布扑印法。

许家厅天棚共 10 块天花彩绘，和梁架包袱锦方心内图纹基本相同，都采用四方连续花边图案绘制。以红、黄、赭、白、黑五种色调为主，构成暖色调，显得富丽堂皇。但由于各种原因，彩画病害面积已达 80%，褪色情况严重，现已难以分辨。

四、边框绘制

平棋天花四边周围做有花边装饰，显得生动规整。花边式样繁多，不同建筑有不同做法。黟县承志堂与树人堂、关麓春满庭等框边内纹样采用拐子回纹间隔式布置小团花图案，间隔处绘花卉景物，四角做合角拐子锁纹。厢房内天棚边框做白底，蓝色粗线不断回纹。歙县许家厅天棚框边以黑粗线绘不断回纹与双道黑粗线简单框边。压黑线边同宣纸画框裱画原理，使边框构成整齐美观。

第三节
厢房壁纸、壁画及厅堂木雕贴金装饰

壁纸工艺，称裱糊饰作，是用胶黏剂将特定的纸张或锦帛糊贴到基面上的一种工艺，古代主要用于不做油漆彩画的天花顶棚、木板墙壁等处。此种工艺于明代开始进入民间房宅。但贴墙纸（布）装饰在徽州古民居中不多见，只有现代居宅广用此做法。

壁画装饰，以刷漆绘画手法装饰建筑，此做法在清代黟县民居厢房内已普遍存在，厢房内天棚、板壁、橱柜上均绘有油饰彩画。

雕饰加金饰，以刻花、浮雕与独立圆雕来装饰建筑。有的豪宅在装饰上加贵重材料描金、贴金箔来装饰。具有代表性的黟县宏村承志堂，显示出"金门绣户，富丽堂皇"的气派。

一、壁纸及彩画软天花工艺

屯溪程氏三宅6号宅梁架有包袱锦彩画，而在厢房内裱糊壁纸。裱糊壁纸先裱素纸打底，彩纸贴面，形似装裱字画工艺。程氏三宅6号宅裱糊的有明代水墨山水画、单色和套色人物花鸟等版画。王朝闻参观后，认为这些壁纸彩画为上品。

程氏三宅6号宅厢房间壁以木鼓门装饰，靠墙面做单面护墙板壁，室内采用纸糊顶棚隔板，古称承尘或仰尘，从顶棚及四壁满糊彩纸谓四彩落地。贴壁纸可收"防尘、御寒、美观"之数，既洁净又经济（不过为何唯独程氏三宅有此做法还有待深研）。（图 2.4.6）

（一）彩画软天花

首先要选择裱糊彩画软天花的专用纸。因产地不同，有很多产纸规格。根据《工程做法则例》，结合徽州民居彩画软天花

施工情况，一般采用具有一定厚度与拉结力的白棉纸或宣纸。白棉纸产于云南鹤庆县，其原料为构树皮，另一种是安徽宣城产的加厚生宣纸。市场供应的白棉纸都为生纸，在生纸上作画作色墨易向四周散开渗透，故不能直接使用。为将生纸转变为熟纸，须对纸做"过胶矾水"（明矾也有防虫蛀功能）处理。

（二）白棉纸或生宣纸过矾水

将纸张上墙或上板，先用胶水粘实一面纸口，然后用排笔于纸上通刷胶矾水。待纸张干至七八成再用胶水封粘纸张的其余三面纸口，待充分干透即可施彩画。所刷的白棉纸、宣纸，以手感不脆硬、着色不洇、不漏色为准。

（三）裱糊软天花

先于天花纸背面涂刷胶，再于准备粘贴天花的实施面上涂刷胶。涂刷要到位，

图 2.4.6　程氏三宅 6 号徽州版画壁纸

要满涂，不能遗漏，刷胶也不可过厚。裱糊天花要求做到端正、接缝一致，金边宽度一致，不脏污画面，严实牢固。

（四）打点活

彩画裱糊基本完成后，要逐一认真全面检查，对检查中发现的质量问题逐一修改修正，达到质量标准。

二、壁画

黟县民居厢房内普遍采用硬天花与板壁画的装饰做法，厢房也以木板吊顶与木板壁间隔。卧室上部还做吊柜储藏间，下面摆床。厢房内天棚、壁板、橱柜均绘有彩画。如南屏倚南别墅左厢房天花彩画框边绘不间断回纹框，天棚绘硬天花"双凤朝阳图"，四周板壁绘写意山水风景画。

徽州古民居厢房内常见有木雕加彩绘的千工床。这种床前有四柱雕栏、天花顶棚；床门帘上替幕（挂落）雕凤凰和鸣，寓夫妻和和美美；床背板绘夫妻相敬如宾、童子读书、麒麟送子等题材彩画；床上梳妆台、衣柜、书橱等连为一体，徽州称"房中房，满能床"（方言"满能"意满意）。（图 2.4.7）

三、木雕髹漆描金装饰

徽州明清民居厅堂采用雕梁画栋、描金油彩的豪华装饰，显示徽商住宅富丽堂皇、金门绣户的富贵气派。如黟县宏村承志堂建于清末，为徽商汪定贵豪宅。全宅

大小天井九个，二层楼房七幢，建筑面积3000多平方米，在仪门照壁上有一个斗大的福字，上额枋雕有一幅"百子闹元宵图"，表现徽州民间闹元宵的喜庆场面。两边侧门商字门头的梁驮好似两只元宝，商字门拱梁与梁驮上雕刻题材有"三英战吕布""战

图 2.4.7　千工床图

图 2.4.8 承志堂太师壁商字门头

图 2.4.9　斜撑倒爬狮

图 2.4.10　门厅倒座百子闹元宵

图 2.4.11 皇恩浩荡 "赐封功臣"

长沙""长坂坡"等《三国演义》故事。（图 2.4.8、图 2.4.9、图 2.4.10、图 2.4.11）

福厅的额梁上刻有一幅"唐肃宗宴官图"，图中众官员饮酒猜拳乐此不疲，形态逼真。

额梁后卷棚轩两端各有一对金狮滚绣球，倒爬金狮栩栩如生。承志堂大厅两侧厢房双扇花格门束腰板和裙板雕有渔、樵、耕、读、福、禄、寿、喜人物故事。

寿厅是长辈居住的居处，额梁上雕有"郭子仪拜寿图"，图中三位老人端坐高堂，一对晚辈跪在堂前给老人拜寿。寿厅的南边额梁上雕有"百忍图"，告诫晚辈在治家处世上以"忍"为先。

承志堂木雕构件上以描金沥漆做法，显得金光灿灿、熠熠生辉。类似承志堂描金做法在徽州古民居内不胜枚举，在此不一一赘述。

第五章
无地仗彩画

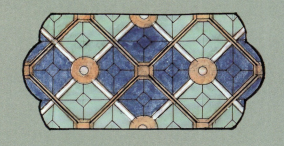

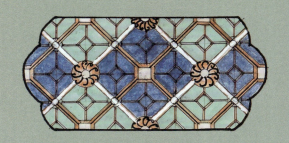

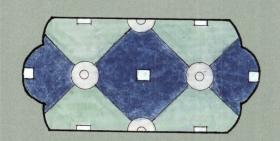

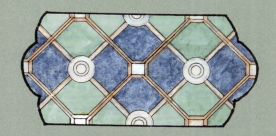

无地仗彩画施工工艺为单皮地仗灰施在大木构架的木材面上，不需使麻、贴布。在油漆彩画前能形成硬壳的塑性垫层，以保证油漆彩画有足够的强度与平整面。

传统地仗灰的调和方法是将油满、灰油、血料按一定的比例调和成膏灰，进行不同层次的抹灰。各层次抹灰的名称分别为汁浆、捉灰缝、通灰等。木基层经过地仗处理，能与彩画增强衔接力。

第一节
无地仗彩画施工前处理方法

一、无地仗定义

徽式无地仗彩画出自明代建筑木构无地仗髹漆做法。江南雨水充沛，湿度大，木材易吸水受潮。为便于水汽蒸发而裸露木表，故不施打地仗。绘画前只做一些补缝处理，然后做一道单披灰，就直接在木表面作画，称无地仗彩画。由此可见，含水率大的木材易出现裂缝。徽式大木构架抬梁式梁、檩、枋各构件分别单独安装连接，也是按梁、檩、枋上单独绘画，有别于京式彩画须先打地仗。北京地区木构架以多个构件组合成一体，在枕梁上叠枋，在枋上再叠檩，将三个部件重叠在一起，存在组合缝隙。包袱锦彩画采用写意手法，以大幅画面来集中表现主题，故需先打地仗将各构件连成一个整体来增大画面。京式彩画地仗，遍数多者有"一麻一布六灰"之谓。

二、木表面处理方法

在施工前先要对木构件表面进行处理。每个部位构件不同，木构件损坏不同，建筑用途不同，建筑彩画等级也不同，从而派生出不同的做法。较为常用的做法工艺流程如下：汁浆（木基层处理）→捉补缝→磨生、过水、合操→衬地（胶粉打底）。

（一）汁浆

作用在于加固木表面刷浆；乳化桐油和血料按 1 : 3 比例拌水调匀，用刷子刷一道，以保证刮油灰时与构件之间黏结牢固。

（二）捉补缝

用桐油拌石灰做腻子，把木构件裂缝填补，刮腻找平，其中包括裂缝、节疵、麻心部位的修补处理，裂缝大于 0.5 毫米者，则采用下竹钉撕缝处理，并涂抹白乳胶加固。

（三）磨生、过水、合操

磨生俗称磨生油地，即用砂纸打磨油作，这道工序需在蘸过生桐油且已充分干透的油灰地仗表层进行。磨生的作用在于：一是磨去即将施彩画地仗表层的浮灰、生油流痕或生油挂甲等不良现象；二是使地仗面形成细微的麻面，从而利于彩画施工的着色美观结实。

过水即用净水布擦拭磨过生油的施工面，使之彻底去掉浮尘。无论磨生、过水都要求做到不遗漏，细致周到。

合操是磨生、过水后的一道工序，即用较稀的胶矾水加少许的黑色或浅蓝色合成，均匀地涂刷于地仗面。其作用一是使得经过磨生、过水已变浅的地仗再由浅返深色，利于拍谱工序的花纹显示；二是防止下层地仗的油漆咬损以上层油漆的颜色，利于体现及保持彩画颜色的干净鲜艳。

（四）衬地

对梁、檩、枋所需绘画的构件遍刷一层胶粉，鱼鳔胶加铅白粉（明代称铅白粉为胡粉），如斗拱、雀替、花机柱头等需绘画处同时满刷一层胶粉。

当构件只局部作画时，其余部分只现木表者，可单在需绘画的部位刷一层胶粉。

若木表部位只刷油漆，先将作画部位留出位置，按彩画外轮廓贴油纸遮挡，以免污染，然后用荏油（白苏粉加松香）熟桐油、雄黄调合料刷于木表（注：当代发现明代彩画木表呈黄色，是由于年久失修，油质被木质吸收，使颜料退化，雄黄呈粉状脱落之故。雄黄可防蛀虫，又名石黄，即三硫化二砷。《本草纲目》释名"旧分雄黄、雌黄两种，其结晶透明者称雄黄"。常用雄黄加铅白、鱼鳔胶调成胶剂调料，刷于彩画部位作为保护层）。

第二节
无地仗彩画施工方法与
技艺要求

古建筑彩画通常涉及许多工艺及技术要求，为了能按原样恢复、修缮旧彩画，先要对旧彩画取样，以不损坏、不脏污原旧彩画为原则，要求其样片纹饰清晰、准确，记录详细。一般按如下施工工艺流程进行操作：丈量大木尺寸→起谱、扎谱、拍谱

→号色（代号标色）→做锦纹→着色（刷色）→拉白、压黑（拉大黑、拉晕色、拉大粉）→点花蕊、打点活→罩面封护。

一、丈量大木尺寸

用长度计量器将彩画构件的尺寸做实际测量、记录，名为丈量大木。接下来拼接谱子纸，按实际需要的具体尺寸面积，运用拉力强的油皮纸剪裁粘接，在配纸的端头标上构件明显部位名称、尺寸等。

二、起谱、扎谱、拍谱

（一）起谱（朽样）

选出同构件尺寸相符的图纹，先在构件上面分出中线，方法如三角形的一个顶点与左右对边连成线。此线为该构件的中分线，要求准确、对称无误。然后按包袱边合角对准中线，再用油皮纸（谱子纸）配在图案上，在皮纸上描好彩画纹样，名曰"起谱"，这是一项技术要求较高的关键性工艺。画师设计彩画式样的初稿也称为"起谱子"。谱子的纹饰形象、尺度、风格等应与传统旧彩画原样一致。

（二）扎谱

以大针（竹、木针）循着油皮纸纹样墨线扎孔，孔距可按图纹大小不等而扎，以能显示图纹形状清晰为准，名曰"扎谱"。

（三）拍谱

以谱子中线对准所画构件中线及轮廓摊实，用粉袋（一般用白粉）拍打，使构件上透印出图纹粉迹，称为"拍谱"。拍好以后用墨线按粉迹描下图案。

上述起谱、扎谱、拍谱工序属传统做法，笔者认为可简化工序。因很多构件上的包袱锦图案都是对称的，所以可用对分法只做一半谱子，再反过来重复使用。又在包袱框内部设置经纬交叉骨架线所形成各种形状格子内的图纹小样，制作小样模板来填芯描图。因小样图案颜色都是单色平涂，故不需号色，只在小样板上做色标记号，对照填色更方便准确。又因天花彩画满地锦图纹做法与梁檩上包袱锦制作工艺大致相同，亦可参照上述对分法操作。

三、做锦纹、切活

拍谱子后通过运用小捻子（自制画笔），蘸入胶红土色。一是描画、校正、补画在拍谱于构件上不端正、不清晰及少量漏拍的纹样；二是描画出不便拍谱子的部位，如挑梁头、穿插枋头；三是岔角梁等构件的纹饰，这项工艺在清代被称为"切活"。无论是描红黑还是做切活的纹样，有谱子部分应与谱子相一致，无谱子的构件部位应与设计标样或传统法式做法相一致，要求纹样清晰、准确、整齐美观。

四、号色

彩画施工涂色前，按彩画谱子拍好后在填色处用粉笔号色，用以指导彩画施工的涂色。画师为了施工方便，颜色以简易代号标注，故称号色。例如北京彩画设计与施工配套图纸上常用数字与颜料按顺序编成号色歌。（见表1，选自蒋广全著《中国传统彩画讲座》，《古建园林技术》第121期。）

五、着色（刷色）

着色前要调剂颜色。为防止颜料与器皿产生化学反应而跳色，调剂颜料用的器皿一般采用瓷碗或陶盆等。

刷色时先刷大色，后刷小色，刷色要做到均匀一致，不透地与虚花，无刷痕及颜色流坠，干后严实，手摸不落色粉掉色。

徽式包袱彩画多以线条组合成宋锦纹或几何图案，故着色主要采用工笔绘画技法。大块填色面积小，且少有叠晕凹凸及退晕技法，与京式彩画袱边子软硬箍头常用分层次退晕分深浅技法有所区别。

六、拉白、压黑线（拉大黑、拉晕色、拉大粉）

（一）拉白、压黑线

指连接包袱锦内部方、圆、菱形的经纬交叉骨架线。绘制时先拉白粗线，再在白线两侧压黑线产生双芯线，使白线与花卉颜料不产生毛边，内部几何图案线条显得刚劲、清晰。

（二）拉大黑

以较粗的画笔（毛刷）用黑烟色画线条，这种线条主要用作中、低档次彩画的

号色代号表

颜色代号	一	二	三	四	五	六	七	八	九	十	工	三六	三七	丹	金
颜色名称	米色	淡青	香色	水红	粉紫	绿	青	黄	紫	黑	红	三绿	三青	丹	金

（一至五之间的代号所代表的是彩画的小色，因实际上不经常用，故称小色。六至工之间的代号所代表的是彩画的常用色，称大色。后四种是新增的，也是常用色。）

主体轮廓大线及边框大线，如平棋天花外框边黑粗线。

（三）拉晕色（晕画）

对彩画的各种晕色的总称，凡每种晕色在色度上都必须先确定浅于这种着色的色相，再按基本相同的深色层次敷色，采用退晕色阶层次敷色，营造凹凸的立体感。

京式包袱锦彩画袱边子中画各种晕色，主体大线常用多道混色晕染的艺术效果，降低各种色彩间的强烈对比，使整体色彩效果由浅入深，趋向柔和、统一的作用。

（四）拉大粉

运用白色铅粉于彩画中画较粗的曲直线条，白色为各种色彩中之极色，使之更为突出醒目，故拉白线时要求直线刚挺，曲线自然，圆线圆润，从而使线条明晰，几何图案生动突出。

拉大黑、拉晕色、拉大粉，凡直线都要以直尺（弧形构件，如瓜梁必须以弧形尺）操作，不能徒手进行。凡直线要直顺，曲线弧度要一致，转折要自然美观。

七、点花蕊、打点活

点花蕊（术语打点活），是无地仗包袱梁彩画施工工艺最后一道工序，即检验找补。当颜色全部描绘完毕，需检查各部位是否均匀、干净，有无遗漏之处，如有不妥之处，即以原色补正。

八、罩面封护

待画干后以稀薄的胶矾水刷一遍罩面，以防蛀。胶矾干后再刷一层明油（熟桐油）防潮，明油微有光泽透明度，既能保护彩画，又能增强色彩艳丽的效果。

九、沥粉、包金胶、贴金

宋、元、明代宫殿彩画以着色为主，很少用金。清朝彩画才大量使用红、黄飞金，其成分为库金（色红98%）、赤金（色黄75%）。北京故宫"真龙和玺"彩画之龙凤都采用打金胶贴金装饰，属中国建筑彩画的最高等级。

徽式民间彩画多属下五彩，相当于京式雅五墨，等级较低，不需沥粉贴金。但有的富商豪宅门第家中匾额、木楹联上书法、屏风画、千工床等上五彩彩画也有描金线、贴金做法。又如黟县承志堂厅堂内木雕构件、商字门头、门窗格扇裙板浮雕图案采用描金装饰。

沥粉又称肥粉，浙江称挤粉。顾名思义就是将粉漆从沥粉器的尖嘴用手的压力挤出，立于图纹的部位（类似于现代打玻璃胶）。《髹漆录》称堆漆画工艺可加强图纹的立体感。待沥粉干后进行下道工序，打金胶贴金箔（金叶）。胶是黏着剂，也是调色剂，在胶内掺入金粉，直接描于图案上称描金做法。也可在贴金部位先打胶再贴金叶，这一做法工艺要求较高。（图2.5.1）

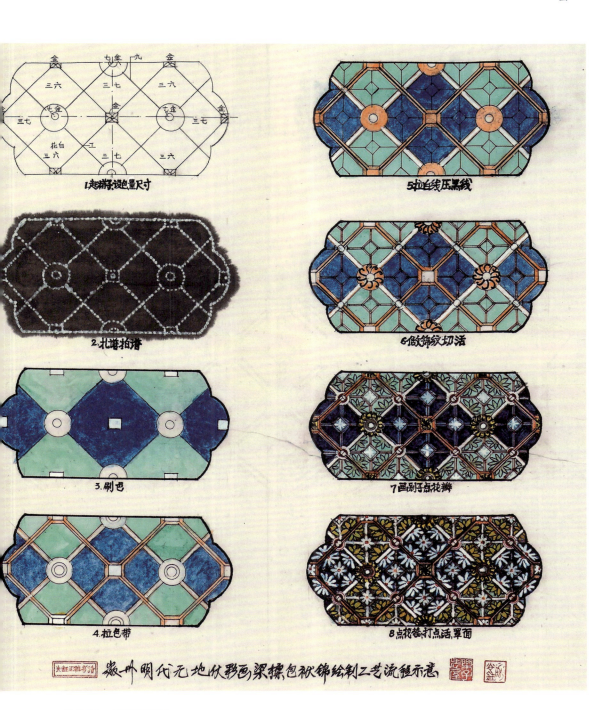

1.起谱子起谱量尺寸

2.扎谱拍谱

3.刷色

4.拉色带

5.拉白线压黑线

6.做锦纹切活

7.画别子点花瓣

8.点花蕊打点活、罩面

徽州明代无地仗彩画梁檩包袱锦绘制工艺流程示意

图 2.5.1　工艺流程图

第六章

彩画颜料成分分析及品种简介

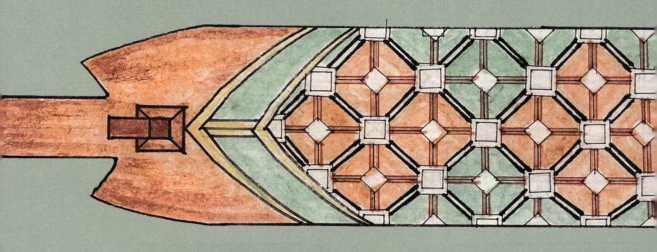

古代徽式彩画颜料成分以矿物质颜料为主，如赭石、石青、石绿等，具有艳而不俗，色彩稳定性、耐久性好，抗紫外线强之性能。有的颜料如银朱、雄黄等含有毒性，涂在木材上具有防虫、防蛀功效，并能耐酸碱。

第一节
彩画颜料成分分析

古代徽式彩画颜料有天然颜料和人造颜料两大类。中国古建筑的油饰彩画颜料很早就从天然矿物质中提取了（如朱砂、石绿等），也有人工加工而成的（如银朱、漳丹、铜绿等）。如赭石又名土朱，产于铁矿中，光滑细腻，为彩画中较佳的一种天然矿物质颜料。而另一种朱红颜料银朱，它是水银与硫磺（石亭脂）混合加热升华加工而成的人造颜料。

徽州古建装饰号称"四绝技艺"之一的彩画，其传统工艺知识十分欠缺。在徽州明代建筑构架包袱锦彩画的传承和保护过程中，特别要正确认识和发掘传统工艺，科学印证彩画的传统颜料和工艺流程，使独特精湛的彩绘技艺不致失传。

据南京博物院文物保护科研所何伟俊撰《徽州地区明代古建筑彩画传统制作工艺研究》论文中记叙：对彩画颜料成分采用 X 射线衍射（XRD）、X 射线能谱分析（EDAX）、显微共聚焦激光拉曼光谱（RAMAN）和 X 射线荧光分析法（XRF）等进行测定，视样品情况采用不同的扦测方法，同时组合不同的分析方法互相印证。综合分析的结果表明，徽州地区明代建筑彩画使用的颜料均是中国古建筑彩画中常用的传统颜料。如红色颜料有朱砂和土红；白色颜料较多，有白垩、铅白、石膏；蓝色颜料主要是群青；绿色比较匮乏，经分析其成分是石绿；黄色颜料为土黄；紫色是石黄和朱砂的混合物。

矿物质颜料属粉质颜料，为增强黏结力，采用胶料掺和拌制，胶料有动物胶血料（猪血、羊血）、虫胶、蜂蜜胶等成分。

第二节
常用彩画颜料品种和作画工具

一、银朱

银朱是较早用于古建筑的一种朱红色颜料，又称紫粉霜或猩红。它是由水银加石硫赤制成，有较大毒性。上海产的银朱用得较广，色彩鲜艳半透明，有较强的着色力，耐酸碱。银朱的产地还有广东佛山。

二、朱砂

朱砂，亦称丹砂。主要用于药物和炼汞，并可作为高级红色颜料，属矿物质颜料。其晶体呈六角形，色泽鲜红光亮。出产于湖南郴州的辰砂和四川的巴砂质地最佳。

三、漳丹

漳丹，又名红丹粉、黄丹，橘红色粉末。

产于福建漳州，含一氧化铝，将铅粉剩下的铅再加以火炒即得。颜色覆盖力很强，不耐酸，暴露于空气中产生碳酸铝，有变白现象。

四、赭石（红色）

赭石，又称土朱，产于铁矿中，光滑细腻的最佳，也可以入中药，故中药店有售。呈块状，需经手工研制成粉末方可使用，与其他颜料混合不起化学变化，颜色经久不变。

五、胭脂

胭脂乃从蓝花、茜草中提取出来，用来调和或罩染朱砂色。古代制胭脂之方，以紫铆染绵者为佳。以红花叶、山榴花汁制造为次。颜色透明鲜艳，不耐日光，不耐久。

六、胡胭脂

胡胭脂用紫铆制造，紫铆又名紫胶。产自南海一带，是紫胶虫寄生在藤类植物上的分泌物，呈紫红色。

七、墨石脂

墨石脂国产，又名石墨，研之可用。由黑烟子经过深加工，入胶后做成块状产品，颜色、性质与南烟子基本相同，用于彩画的白活。

八、土红

土红来自一种色泽棕红（暗红）的含

氧化铁的土壤,故称土红。因产地多而价廉,常用于大面积的墙壁涂刷。经研磨加工成粉末状与其他颜料混合运用,不起化学变化,具较强的覆盖力。

九、空青

空青属于盐基性碳酸铜,产自蓝铜矿,状若杨梅,其腹中空,"破之有浆"。空青产于四川西昌山有铜处。"凉州西平郡有空青山,多充画色。"东晋顾恺之的《画云台山记》中有"凡天及水色,尽用空青",说明当时画家常用空青作画。

十、扁青

扁青是优质石青,称为"梅花片",唐宋后因空青的产量减少,多用扁青替之。

十一、藏青

藏青,又名大青,产自西藏,质地较粗,多用于石窟壁画,耐久性好。

十二、石绿

石绿,又名大绿,为绿青或碧青,产于铜矿附近。在洋绿传入中国之前,多用石绿。石绿乃天然矿物质颜料,研成细末使用,明度低,与其他颜料混合不产生化学反应,不易褪色,具有较强的覆盖力。

十三、铜绿

铜绿,又名锅巴绿,经久不变色,古法采取铜板泡醋后熏烤而成,因成本高,现多用洋绿代之。古代以铜作为基本原料,

明度低于石绿。与其他颜色混合易起化学反应,具有较强的覆盖力。

十四、石山青

在白粉内加入少量的佛青和绿色,因呈山石青色,故名。苏画中多用其涂底色,但掺胶量要稍大。

十五、铅粉

铅粉,又名中国粉,白色,亦称定粉,是盐基性碳酸铅。细颗粒状,质量较重,覆盖力强。

十六、白垩

白垩,又名土粉子,也称白土粉、画粉。细颗粒状,质量较重,亦作沥粉的填充材料,覆盖力强,不与其他颜料混合使用。

十七、锌白

锌白,成分为氧化锌,不变色。它是由硫酸锌溶液和碳酸钠与氨水起化学反应的沉淀物,经过滤干燥及粉碎后,再煅烧至红热,倾于水中急冷而制成白色颜料。

十八、磺(雌黄、雄黄)

雌黄主要化学成分为三硫化砷,呈柠檬黄色。雄黄主要化学成分为三硫化二砷,呈黄色。雌黄和雄黄相伴,生在红砒石中,具有干燥力和剧毒。不用于宣纸上绘画,仅用于建筑上绘画或壁画,有防蛀功效。与其他颜料混合不起化学反应,用作主体绘画轮廓线及白活绘画

线条等。

十九、藤黄

藤黄，分布于印度、泰国等地，在中国产于南海一带的海藤树上。海藤树皮刮破渗出黄色树脂，即藤黄。其色调正黄色而有毒，彩画中常用它和蓝靛调和为草绿色。不耐日光，不耐长久。

二十、土黄

土黄，是包在黄赭石外面的土黄色物，有臭味，主要成分是氧化铁。颗粒细，颜色明度低，色彩柔和，覆盖力强，与其他颜料混合不起化学反应，经久不褪色。

二十一、烟子

烟子用竹子、松木烧制而成，以竹子烧制的为佳。因清代彩画崇尚运用中国南方地区生产的烟子而得名。无机黑色颜料，细粉状，质量很轻。

二十二、墨

墨，又名香墨，彩画中用油烟墨，松明油烟制的墨最佳。香墨内放麝香、薄荷等原料，磨墨时产生香气。

二十三、铅丹

铅丹，乃用铅和硫黄、硝石为原料，经高温合成的橘红粉末，色调纯净而匀细，便于调配。

二十四、香色

香色（茶褐色）用大色调配而成古色古香，将石黄加少量银朱和佛青，是以黄油为主，配以白色和少量青蓝色油而制成的。

二十五、金叶

用黄金加工成金箔称金叶。最早用于装饰佛像，宋代一度禁用金叶，明朝以后大量使用于建筑装饰。《天工开物》载：每张金箔一寸见方重七厘，明初时金箔为三寸三分，每张重23.1厘，清为三寸见方为一张，10张为一贴，100张为一把。

二十六、胶

胶是调色剂和黏着剂。贴金叶打金胶工序施工作用，也可直接掺入金粉调色为描金线用。汉代就有山东阿胶，用牛、驴皮筋熬制。唐代用海鱼的气鳔（鱼鳔）熬胶。

古代制胶技术已很发达，北魏、隋唐敦煌石窟彩画都是用清胶调色画成，历千载少有起卷剥落，而色彩保存犹新。

二十七、矾水

将明矾以开水化开，然后加入少量的胶液和水兑成，用于固定彩画中的颜色。如苏画的花卉、走兽。画时先用一道矾水覆盖，可以防止再上色时将底色污染。

二十八、黏结剂

为使油漆涂料干燥结硬，形成坚韧的涂膜面保护层，必须加以黏结性强的物质，即黏结剂。常用桐油为黏结剂罩面，熬制

桐油时加入适量的催干剂，可增加熟桐油
（明油）的干燥性及光泽度。常用催干剂
为土子粉、密陀僧（氧化铅）。

二十九、桃胶

桃胶乃植物类胶，浅黄透明的固体，
外似松香（松树脂），黏性强，为上等胶。

第七章

彩画修复

徽州"明清梁枋无地仗包袱锦彩画"历经岁月，已褪色残缺，因缺乏这方面的修复经验，无法修复。若需修复原样，还需深入研究、加强施作技艺及颜料成分配制的探索，方可在实践中实施，以待其焕发昔日风貌。本章彩画修复试以模拟复原来表示修复原样后的效果。

第一节
彩画保存现状

通过对几处古建筑徽式包袱锦彩画进行现场勘察，笔者发现多处不同情况的损坏：有的木构件开裂，原单披灰粉化脱落；有的损坏比较严重；有的褪色严重，现仅存不太清晰的痕迹。但这些还未到需要完全铲除而新做的程度，如果加以修复，还能达到完好重现的效果。现存彩画损坏，除了冰雪、雨水、白蚁等天敌的破坏，人为破坏也是重要因素。此外，传统建筑材料中血料腻子水分过多，当血料腻子干透，水分蒸发完后，原来水分的位置形成空隙孔洞，这时采用桐油钻生，生桐油渗进腻子的孔隙中，当桐油三十年回生，在原有水分留下的空间里产生开裂，即有可能导致彩画龟裂、空鼓，颜料面层脱落等情况。

第二节
徽派建筑彩画修复

彩画修复要根据不同损坏情况，分析不同损坏原因，采取不同修复措施。如木材面出现开裂造成彩画脱接，若裂缝宽度小于3毫米，可采用桐油细灰嵌缝；若大于10毫米，则用树脂胶下竹钉填缝，披单皮灰地仗补平，再将脱节部分彩画补接完整。

一、施工准备

彩画施工前须做好人员、材料、工具等配备工作。同时，对彩绘部位周边做好安全防护。对屋面做好整修，防止屋面漏水，对木雕、木格扇小构件做好加固、保护，防止污染。彩画现场周围需洁净，天井应遮蔽，刮风天气有粉尘等污染物不能施工，以免污染油彩颜色。大面积施工前需先做样板，采集颜料样品，做好色相配比。

材料配备方面，可能用到材料大致可分为五类：（1）软化地仗材料，如无水乙醇、丙三醇、桐油软化剂。（2）回贴材料，如美巢占木宝、骨胶水、树脂胶、木胶、聚合金黏合剂。（3）彩画传统施工所用材料，如地仗修复材料，传统地仗施工材料；彩画修复材料，传统彩画所用材料。（4）做旧材料，如除旧剂、老尘土、香灰、传统彩画颜料。（5）画面清理去尘材料，如水拌面粉或芥面粉团、无水乙醇、丙三醇、中性去污剂，海绵擦洗。另还须准备石灰拌牲畜血料（常用猪血）。需要软化地仗工具、地仗修复工具、回贴工具、彩画修复工具，包括软毛笔、量杯、镊子、海绵、脱脂布、餐巾纸、吸尘器、小锉刀、砂纸、钢丝刷、吹气球、铲刀、灰抹、注射器、手术刀、手压工具、彩画用笔、界尺、喷水枪、吹风机（热风机）、空气压缩机等。

二、画地（单披灰）缺损修补

画地脱落缺失及修复可分为以下五种情况。

（一）成片脱落处理

成片脱落，指脱落部位彩画全部脱落，没有残存。修补这类画地比较简单，只要注意处理好边缘接缝，成片脱落部分画地按照传统工艺进行补画修复，即按文物修缮法"不改变原样"的原则进行修缮。

（二）分散状小片脱落

分散状小片脱落的特点是画地脱落区域内脱落面积在 1/3—2/3，且脱落分散未连成片，其中多数伴有原画层翘卷起皮情况，修复时要进行清理，可软化回贴者，按修复材料、工艺回贴保留，缺损部位补画。

（三）群岛状脱落

群岛状脱落的特点是在脱落区域内大部分画地已脱落，只残存小部分同岛屿状孤立存留的小块状画地。存留的彩画痕迹是复原彩画图案的重要依据，一定要保护好，不能毁坏与污染。

（四）零星小块脱落

零星小块脱落的特点是绝大部分画地留存，只有个别部分零散的小块脱落。修复方法同上所述，要注意运用适当的工具，不能在修补画地时污染周边原画。

（五）木材裂隙脱落

木构件易受物理、化学、生物等因素

的影响，出现开裂脱皮、老化褪色等情况。修补时要根据缝隙宽度，选用嵌补材料和工艺。若裂缝宽度在 1—3 毫米内，只需在裂缝中注入 AB-1 型环氧树脂修补胶。裂缝宽度大于 3—5 毫米的在修补胶中掺入细骨料（滑石粉）填充料。裂缝大于 10 毫米的用同材质楔子蘸桐油嵌缝。为阻止构件继续开裂，还可用铁皮箍加固。要隔绝环境污染源中的有害气体，禁止强光拍摄。还要定期喷洒灭虫剂，防止被白蚁、木蜂等侵害。

三、清理除尘

画地残缺修补处理工序完成后，要对所有留存的旧彩画进行除尘清理。

（一）传统的彩画除尘

传统的彩画除尘做法是用荞麦面团在彩画表面进行滚动粘裹。但此方法有一定的局限性，比如尘土比较厚的部位需要增加次数揉擦，才能达到清洁效果，是慢工出细活的工作。而在木雕的沟槽部位将面团伸进去，还会在彩画表面残留面粉，面粉受潮后会滋生霉菌，对彩画产生损害。

（二）现代除尘方法

将丙酮、无水乙醇以 50：50 配比混合后，用喷雾器从上至下轻喷彩画，可以迅速清除附着在彩画表面的灰尘，效果好、速度快，同时不会对彩画造成损害。

这是因为清洗液中的丙酮与灰尘中的尘埃凝胶迅速融合稀释分布密度，加上无水乙醇进一步稀释，同时产生液体流动冲洗作用，附着尘土软化吸收液体成为泥浆脱离彩画。被冲洗下来的泥浆立即用脱脂棉或餐巾纸吸收擦净，使附着在彩画上的丙酮和无水乙醇不与颜料发生化学反应。为使彩画上的残留液迅速挥发掉，再用热风机或空气压缩机吹一吹，使溶液迅速蒸发不致对彩画造成破坏（无水乙醇属易燃物，施工时要配备消防器材）。

四、去污垢与水渍

旧彩画上的污垢主要有鸟粪、水渍、烟垢与其他块状附着物等。

（一）鸟粪

鸟粪对彩画的污染是比较严重的。鸟粪附着在彩画上显现条状或片状，严重破坏彩画的美感，同时鸟粪又有酸性，对彩画有腐蚀变色的破坏作用。

清除鸟粪时，先用丙三醇加酒精溶液涂抹在鸟粪上，使鸟粪软化，然后用手术刀剥离，用镊子夹海绵，蘸上食用碱水擦洗余下不易清除干净的鸟粪。鸟粪酸性，碱水碱性，酸碱发生中和反应后使鸟粪软化、松散。再洒水稀释鸟粪，用海绵擦拭，将鸟粪吸入微细孔中。彩画属矿物质颜料，呈碱性，用食用碱水不会对彩画造成损坏。由于鸟粪呈酸性，与彩画颜料会有酸碱中和反应，使彩画颜色发生一定程度的变色，清洗后还需进行彩画颜色修复工作。

（二）水渍

裸露在外的旧彩画往往有很多污水流下的痕迹，灰尘细微颗粒渗入彩画孔隙会造成污染，不易彻底清除。

先用丙酮与无水乙醇混合溶液擦洗水痕，可清除一部分污垢，实在清除不掉的部位，用彩画同色颜料涂刷覆盖的方法来解决。

（三）烟垢

旧时常在祠堂寝殿、庙宇、民宅等古建筑里烧香纸或点蜡烛，这些建筑的彩画上难免存留一些烟熏的污垢。对于这类污垢，可用丙酮与无水乙醇混合液冲洗，再用脱脂棉或餐巾纸蘸吸干净。若有清除不掉的，再用与彩画相同的颜料修复涂抹。

（四）其他块状附着物

如有不明块状附着物污染彩画表面，可用毛排笔涂软化剂在附着物上，待软化后再用手术刀剥离。

五、修补颜料层面

随着时间推移与风雨侵蚀，彩画颜料层面难免褪色，可用相同色彩颜料随色补绘。若是出现破损部分，要分层次、按步骤修补，以修旧如旧做法使新旧颜色统一。

（一）修旧如旧，随旧随色

修补颜料层的工作就是补绘彩画，也

是整个修补彩画的重要一环。最根本的要求是真实、完整地再现当年彩画的特色，以"不改变原样，修旧如初"为修复原则。为做到与原样浑然一体，保持其完整性，可采用"修旧如旧，随旧随色"的做法，也就是按原色涂色，使新老色彩统一。

（二）增强固化

彩画外壳酥松，如碰到起鳞和起皮的状况，应用改性丙烯酸乳液注射加固，再用软毛刷清扫，然后用EDTA溶液加蒸馏水稀释清洗。

（三）缺失补绘

修补画地（地仗）的除尘去污工作完成后，要对旧彩画进行描拓纹样，将纹样中缺失的图案补齐，再通过现场实地核对，按传统彩画工艺补绘。

（四）贴金部位修复

若有沥粉贴金部位修复，可采用老配方配制，并调制成与现场彩画金箔相同的原色金胶浆涂抹补绘（徽式包袱锦彩画少有贴金做法，本文从略）。

六、随旧做旧彩画施工处理

当满堂梁架彩画都完好，只有局部或某一根梁彩画受损，可只针对局部或受损之梁进行复原修复。与原彩画的图案、色彩做到完整统一、浑然一体，做好平顺过渡、和谐共存。

（一）随旧做法与修旧如初

补绘彩画的随旧做法，关键是先看"旧"，再定"随"。旧到什么程度，要旧到与现存彩画一样的程度，还是与初绘一样的程度，要定好谱子。如果定为现存旧彩画一样的程度，那就是将缺损的部分按现存程度用传统做法修补完整。

"随"到什么程度？也就是"随"到与周边旧彩画和谐过渡，远看相似，近看、细看稍有区别的程度。也就是说，彩画的原颜色经过长期自然环境的侵蚀、风吹日晒，彩画的颜色产生不同程度的氧化、老化、褪色等，随旧做法就要将新鲜的颜色调成陈旧的颜色。如果达到"修旧如初"的程度，那就是按照传统工艺进行施工，达到修旧如初的样子。

（二）随旧做旧施工方法

要将彩画随旧做好，首先要将新艳的颜料制成陈旧的颜料。配用陈旧颜料常用两种物品。其一是老尘土，一般是古建筑中顶棚内积存下来的尘土。但刚收集下来的老尘土不能立即配料，要进行提纯（提炼）。首先将尘土过细筛，再用吹风机吹选细小灰尘土或水洗过滤沉淀后、用作配制陈旧颜料的添加剂，与国画宣纸做旧法相同。其二是庙里香灰，这也是彩画随旧的一种材料。香灰也不能直接掺入颜料中使用，要进行保色的特殊处理后，才能配制陈旧颜料。

（三）新老平顺过渡

使用配制好的陈旧颜料来补绘旧彩画，只能做到大致相似，最重要的一道工序是必须在彩画上进行随色处理，尽量减少接茬处的色差。这就需要在现场操作的匠师有丰富的经验、精准的手法、高超的技艺，真正做到运用之妙，存乎一心，使新补彩画与存留的老彩画无论在图案上还是在色彩上，都做到浑然一体。

彩画复原修缮，图样以"不改变原样"、颜色以"修旧如初"为准则。假如只对一根梁上的画面出现的局部残破进行修复，可采用"随旧做旧"的方法，使之与原样整体统一。（图 2.7.1、图 2.7.2、图 2.7.3、图 2.7.4、图 2.7.5、图 2.7.6、图 2.7.7、图 2.7.8、图 2.7.9、图 2.7.10）

七、彩画施工注意事项

（一）施工气温不得低于 5℃

无论任何季节、地域的彩画施工，其气温最低不得低于 5℃，以避免彩画颜料中的黏结胶因低温造成凝胶而影响到彩画施工的操作质量，甚至因冻造成颜料中胶分子变质而失去应有的黏结作用。

为此，冬季（指当年 11 月 15 日至来年的 3 月 15 日）的彩画施工，在天井周边部位施工的建筑物必须搭设暖棚，棚内的气温最低不得低于 5℃。

（二）油作地仗干透后施工防止咬色

于油作地仗进行彩画施工，必须待油作地仗充分干透后，方可进行下道工序。严禁于未干油作地仗上和其他含水率超高的构件面施工彩画，否则上下层油彩会咬色、变色。

（三）防毒措施

彩画施工运用的石青、石绿、洋绿、银朱、漳丹、铅粉、石黄、藤黄等绝大部分颜料，都不同程度地含有对人体有害的毒性。其中，洋绿、铅粉及藤黄毒性相对较大。对这些有毒性颜料，无论是平时的存储还是施工时加工涂刷，都要根据实际情况，采取有针对性的严格的防范中毒措施。

（四）安全注意事项

1. 施工前进行安全教育及交底，落实所有安全措施。保护人身安全，佩戴防护用品，防止在加工使用有毒颜料时中毒。

2. 应注意用电安全，设专人管护电闸箱。因油漆颜料属于易燃品，现场不能抽烟，注意防火，并配备灭火器材。非作业时间或下班前要断开电源，检查做到无火种、无安全隐患，方可离开现场。

3. 在脚手架上作业时，要防止物体坠落和碰伤，不得损坏木雕构件与文物，不得随意蹬踏和碰撞艺术品。

4. 做好环境保护工作，对废弃物及有毒剩余颜料应分类存放，进行无害化处理，及时回收有效管理，以免污染环境。

图 2.7.1　包袱梁彩画绘制工艺流程图

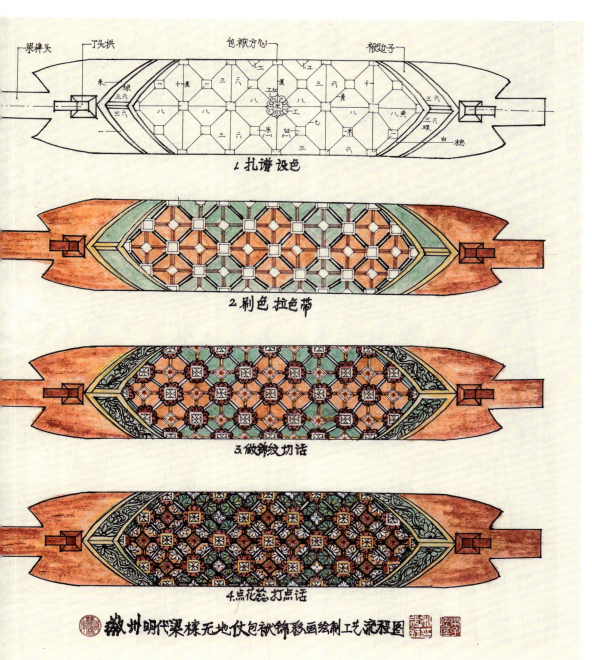

图 2.7.2　宝纶阁侧面梁架图

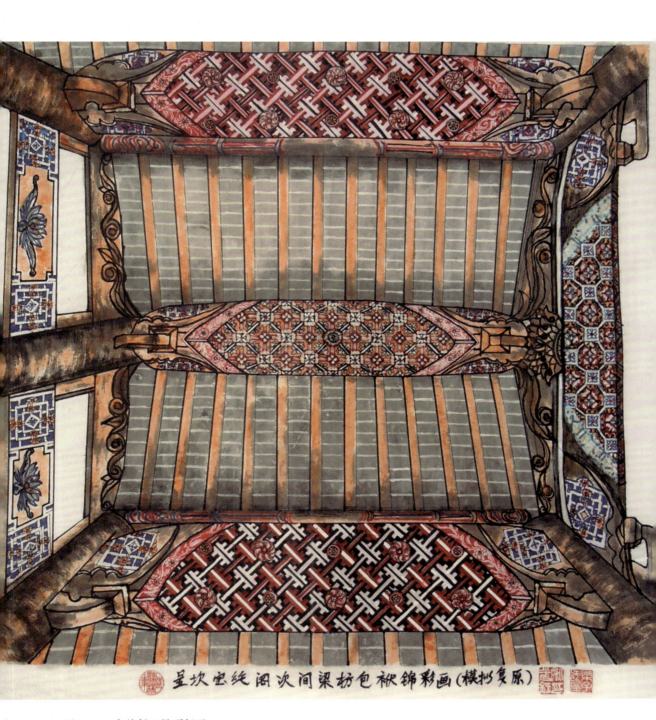

呈坎宝纶阁次间梁枋包袱锦彩画（模拟复原）

图 2.7.3　宝纶阁三梁顶轩图

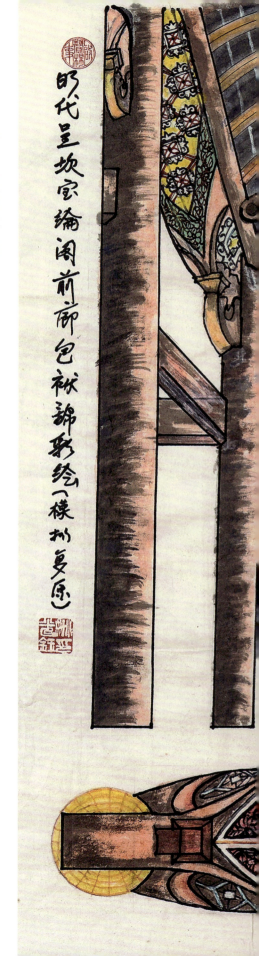

图 2.7.4　宝纶阁前轩廊图

明代呈坎宝纶阁前廊包袱锦彩绘（模拟复原）

宋织锦纹包袱翠影画影

图 2.7.5　程氏三宅 6 号宅前檐图

图 2.7.6　程氏三宅 6 号宅山墙梁图

〔明〕程氏6号宅楼厅明间正列梁架包袱锦彩绘（模拟复原）

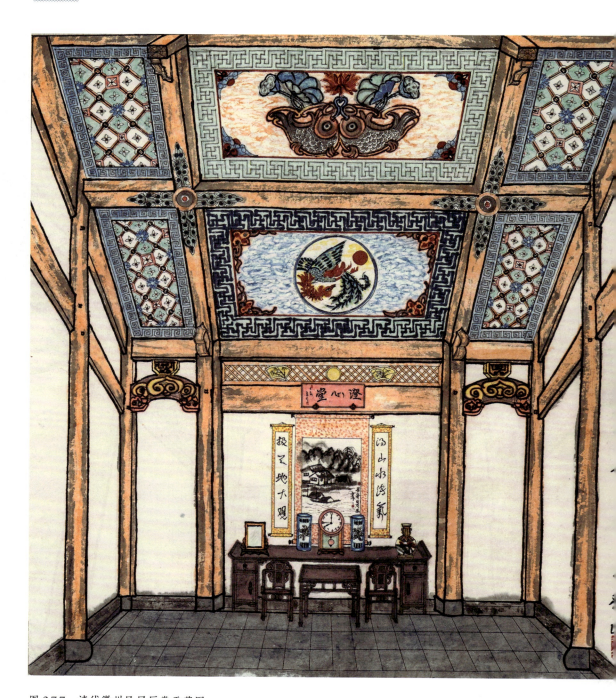

图 2.7.7　清代徽州民居厅堂天花图

图 2.7.8　清代徽州民居厅堂天花图

图 2.7.9 宝纶阁山墙边贴构架

图 2.7.10 门神彩绘图

祠堂大门

第八章

徽州工匠名家、名作选介

古代由匠人仕者才能留名于世。"形而上者谓之道,形而下者谓之器。"中国古代因受儒家思想的影响,道器分途,尊崇"万般皆下品,唯有读书高"观念。士大夫阶级鄙视匠家为"贱工末技",故持规矩绳墨工匠竟多被湮没无闻。

春秋战国初,齐国人编写《考工记·匠人》虽有"匠人建国、匠人营国、匠人为沟洫"的记述,但具体到匠人名讳却未曾提及,连《考工记》作者姓名都难以考证。

第一节
古今工匠选介

秦汉时期,中国建筑营造出现第一次高潮,汉朝已设将作大匠之职,以专司土木营建之事。隋唐朝廷改设将作监,并制订营缮法令《唐营缮令》。北宋徽宗时,将作监李诫编著《营造法式》成为官方建筑的规范。明清是中国古代建筑发展的最后一个高潮,清工部颁布《工程做法》专著。上述营缮经典,其内容多来自当时经过自身锤炼与修养,步入学而优则仕之途,成为营造名家或工部官吏并留名于世的名匠、名师。他们中有些人也曾留下自己的营造名著。现撷要做一选介:

一、有巢氏

据诸子著述:远古昊英之世,人少而禽兽多。为防兽害,有巢氏教人构木为巢,"白天采橡粟,夜晚栖树巢"。

二、鲁班

鲁班为春秋鲁国人,发明木工工具,使土木建筑营造技艺得到了很大提高,传说还发明了攻城云梯、木马等九种器械,被后人奉为营造工匠祖师爷。

三、墨翟

墨翟,战国学者,他对筑城颇有研究,是要塞防御论的始祖。他所著《墨子》一书有关论述,为秦以前筑城体系的论著。

四、李冰

李冰,战国时期水利工程专家,任蜀郡守期间,修筑大型水利工程都江堰。

五、杨成廷

杨成廷,汉长安城和未央宫设计者,出身于军中军匠(技术匠师),后被授予主管宫室、陵墓营建的"将作少府"官职。

六、顾恺之

顾恺之(约345—409年),东晋画家,晋陵无锡人。在建康瓦棺寺绘壁画《维摩诘像》,光彩夺目,笔迹周密,意存笔先,画尽意在。

七、李春

李春,隋唐石匠,隋开皇十四年至大业二年(594—606年)建造赵州桥。唐中书令张嘉贞题《安济桥铭》云:"赵郡济河石桥,隋唐李春之迹也,制作奇特。"

八、何稠

何稠,隋代建筑师、工艺家,湖北江陵人。何稠好学善思,知识渊博,"博览古图多识旧物",给隋炀帝杨广造过行殿,以及活动要塞"六合城"和渡辽水的奇巧浮桥,又改制过仪仗车舆辇辂等器物。

九、雍兴隆

雍兴隆,隋唐制瓦名匠,生卒年不详。1966年河南洛阳隋唐宫城内,在烧瓦窑遗址出土一批板瓦、筒瓦、瓦当和砖等,制作精美,上有制瓦人姓名"匠雍兴隆"。

十、阎立德、阎立本兄弟

隋唐杰出的工艺美术家,陕西西安人。唐高祖李渊的献陵、唐太宗李世民的昭陵都是阎氏兄弟主持修建的。他们还曾继宇文恺在隋大兴城的基础上完成唐长安城的建造。

十一、赵云质

赵云质,唐代著名的雕塑家。据《历代名画记》:西安敬爱寺佛殿内中门神像为赵云质所塑。

十二、宋文君

宋文君,五代时画工,敦煌196窟壁画的作者。

十三、徐熙

徐熙,五代十国南唐画家,江宁(今江苏南京)人,曾为宫廷作铺殿花、装堂花(天棚天花)等装饰。

十四、赵忠义

赵忠义,界画家,所作建筑画作品可为设计方案图所用。郭若虚《图画见闻志》卷二载:"赵忠义事孟蜀为翰林待诏,蜀后主尝令画关将军起玉泉寺图,作地架一座,蜀主命匠氏校之,无一差失。"

十五、喻皓

喻皓,杭州人,五代至宋初建筑工匠、都料匠。擅长造塔,建于开封的开宝寺塔,先做模型,然后施工,历时八年,于989年竣工。建杭州梵天寺塔时所著《木经》

三卷，是中国古代重要的建筑著作之一。

十六、李诫

李诫（？—1110 年），北宋哲宗、徽宗时主营皇家建筑官员，河南新郑人。在将作监任职时，修建十一项工程。特别是他以实践经验考究群书，并访问工匠的技术经验编写出《营造法式》一书，是中国建筑史上极珍贵的文献。

十七、李嵩

李嵩，宋代木匠，后来改绘画，以画建筑物著名，能将建筑物按一定比例缩小后绘成。从《水殿招凉图》《焚香祝圣图》看，确实有很高的精确度，完全可当作建筑设计图。

十八、杨琼

杨琼，元代杰出石匠，出身石匠世家。他能根据石料纹理、颜色精心装配，天巧层出，人莫能及，并培养出杨谅、王浩等多名高徒，在大都任采石提举职务，主持重要工程。

十九、刘秀庭

刘秀庭，元代石匠，河南洛阳人。少林寺常住院内石作，少林寺西塔林中月岩长寿塔、还元长老塔是他的作品。

二十、刘秉忠

刘秉忠，"大元"国号和许多制度的制定者，他和阿拉伯人也黑迭儿按古代汉族都城传统布局设计了元大都城。

二十一、雷起龙

雷起龙，生卒年不详，元代延祐年间（1314—1320 年）著名工艺设计师。后代累世供职传承于清廷样式房。凡宫室用具多由雷氏绘图设计，称"样式雷"，遗有《雷氏大成总谱》设计著作。

二十二、蒯祥

蒯祥，明代建筑师，江苏吴县人，木工出身，精于其艺，主持大型土木工程，后任工部侍郎。永乐年间朱棣迁都北京，他设计并施工承天门（天安门）、太和殿、中和殿、保和殿等建筑；天顺末年，又规划营建裕陵。他在中国建筑史上做出了杰出贡献，被誉为"蒯鲁班"。

二十三、杨青

杨青，明代建筑师，上海金山人，瓦工。永乐初以瓦工服役京师，后营建宫阙使为都工（一级匠师为瓦工之长、董理大工）。由于杨青精于计算，"凡制度崇广，材用大小悉称旨"，因此得到明成祖的赏识，提拔为工部左侍郎。

二十四、徐杲

徐杲，明代匠师，木工出身，后任工部尚书。嘉靖三十六年（1557 年），三大殿及殿门毁于火，宫殿朝会之地不雅，急于先立承天门楼，徐杲躬身亲自操作，数月而就。嘉靖四十一年（1562 年），所有重建工程完成，建成后与原样相同。徐杲

"技术足高超、智谋以集事、节缩以省材",光修永寿宫就节约 280 万两白银经费。

二十五、计成

计成,江南造园名家,江苏吴县人,生于明万历十年(1582 年),善于绘画,爱好收集奇石,并且按画意设计园林、经营造园。其所撰《园冶》一书,总结明代造园理论与技法,是研究古代园林艺术的重要资料。

二十六、许国

许国,安徽歙县人,私塾教书匠。他于明嘉靖四十四年(1565 年)中进士,历仕嘉靖、隆庆、万历三朝,因功晋升太子太保、武英殿大学士,加封后回乡建许国牌坊。他将牌坊别具心裁地设计成"八柱立体"造型,在当时是独一无二的牌坊。

二十七、何歆

何歆,字子敬,广东博罗人,明代弘治进士,由御史出任徽州太守。见徽州民居密度太大,遇火患易火烧连营,便提出:"降灾在天,防患在人,治墙(封火墙),其上策也。"于明弘治年间创修封火墙(马头墙),减少火患,百姓因何太守创建封火墙之功德,立了《德政碑》称颂。

二十八、雷礼

雷礼,明代江西南昌府丰城县人,官至工部尚书,曾参与督修北京明宫三大殿和卢沟河堤。

二十九、雷发达

雷发达,明末清初建筑匠师,江西南康人。参与北京故宫重建工程,其后代累世继业八代,在清工部样房主持宫廷营造业达二百余年。如圆明园、颐和园,皆为雷式样房设计。"样式雷"家族留存数以千计的图纸,绝大部分是京城建筑组群的总体平面图,给后人留下了宝贵的京城修缮资料。

雷氏世传:雷发达传长子雷金玉(二代);雷金玉传幼子雷家玮(三代);雷家玮传长子雷声徵(四代);雷声澂传次子雷家玺(五代);雷家玺传三子雷景修(六代);雷景修传三子雷思起(七代);雷思起传长子雷廷昌(八代)。他们先后修建京城内北、中、南海"三海"园林工程,并扩大设计,增建了许多亭台楼阁。

三十、梁九

梁九,明末清初顺天府(北京)人,木匠,在工部负责宫廷建筑设计与营造。康熙三十四年(1695 年)重造太和殿,他以 1:10 的比例制作模型作为准绳指导进行施工。

三十一、李渔

李渔,浙江钱塘江人,号笠翁,善诗画,清代造园名家,长于园林建筑。他在北京筑有"半亩园",叠石垒土、导泉为池,池中建亭、通双桥……为北京园林杰作。

他晚年又筑"芥子园"，在所著《一家言》的"屋室部"中对筑园有精辟的阐述。

三十二、姚成祖

姚成祖，出生于营造世家，苏州人。清末苏州地区许多寺庙、住宅工程由他设计修建，晚年担任"鲁班会长"，著有《营造法源》典籍，为苏州"香山派"匠师古典工程技艺传承教科书

传统中国讲究"君子不器"，"万般皆下品，惟有读书高"的观念深入人心，工匠被视为"贱工末技"。很多工匠名家即使有杰作传世，名字、生平、事迹也可能湮没无闻。能有姓名和著作传世者，更是少之又少。能像北宋李诫凭一部《营造法式》而为后人知者，可谓凤毛麟角。

虽然如此，根据现有的资料，我们还是能想象下徽州工匠群体的规模与影响力。根据余同元整理的"中国历代名工匠统计总表"的数据，明清时期中国工艺名家及工匠共 1530 人，徽州府有 154 人，占十分之一左右。

木雕，清末民初，绩溪县胡国宾、汪聚有名噪一时。歙县李祥顺善雕，作品有歙县深渡下铺姚氏祠堂、大茂村朱氏祠堂、定潭张翰飞宅等。民国时期，歙县吴炳烈（1911—1974）、汪叙伦（1910—1975）、王金九（1911—1977）俱擅木雕，三人于 30 年代结为木雕帮会，在歙县行艺。当时江浙一带也有木雕艺人在歙县行艺。两地艺人互相竞争，吴炳烈以徽戏为题材，丰富了木雕题材。他们曾参加北京人民大会堂安徽厅木雕制作，流传于世的主要作品有《喜庆丰收》《郑成功解放台湾》《和平颂》《牛》《耕织图》《黄山风景》《雷锋》《红灯记》等。民国初年，黟县宏村怡和堂（承志堂）梁架和门窗、楣罩分别聘请歙县方子贵师徒和黟县程双喜师徒雕刻，十分精细。

石雕，相传黄鼎、朱云亮、余香等善石雕，余氏为清乾隆年间黟县人。歙县北岸吴氏宗祠"叙伦堂"于清道光六年（1826）重修，祠内西湖景石雕拱板为黟县余忠臣所刻。歙县王仙伯曾赴京参加人民大会堂安徽厅石雕制作。1979 年以后，歙县吴观光在徽州古建公司毫期授徒，吴氏石雕构图严谨，刀法细腻。屯溪区冯有进、程佑福等人俱擅石雕，建石坊多座，并擅砻琢石狮。

冯有进，1953 年生，安徽黄山人。第一批国家级非物质文化遗产项目徽州"三雕"代表性传承人，徽州民间工艺师。冯有进的祖辈一直从事石雕行业，受家庭环境的熏陶和影响，冯有进 13 岁便开始跟随祖父学习石雕技艺。从艺几十年来，在继承祖传石雕技艺的基础上不断创新，将徽州石雕技艺发扬光大，为徽州石雕技艺的发展做出了贡献。1998 年，他创办了自己

图 2.8.1　俞氏宗祠沿口木雕与山墙壁画

图 2.8.2　俞氏宗祠内檐梁枋木雕

图 2.8.3　成义堂藻井

图 2.8.4　成义堂沿廊梁枋木雕

图 2.8.5　成义堂前进院落木雕

图 2.8.6　卢村木雕楼天井

图 2.8.7　卢村木雕楼陶翁醉酒图等

图 2.8.8　卢村木雕楼筑土墙图

图 2.8.9　卢村木雕楼耕读图

的徽派石雕工艺厂，带领徒弟共同创业。代表作品有《母子蛙》《观德亭》等。

方新中，1949年生，安徽歙县人。第一批国家级非物质文化遗产项目徽州"三雕"代表性传承人，徽州民间工艺师。方新中的祖父方与严是陶行知教育理念的执行者，新中国成立后先后供职于教育部初等教育司和民族教育司。其伯父、父亲均从事教育工作。方新中从小受环境熏陶，获得了较好的家庭教育，因特殊历史原因，未能接受高等教育，他在祖父鼓励下走上

图 2.8.11　龙川胡氏宗祠长格扇门裙板荷蟹图

图 2.8.10　龙川胡氏宗祠前檐额枋

雕刻之路。1985 年在县古园林建筑工程队工作，后创办黄山市歙县新中艺术砖雕工艺厂。能融传统砖雕艺术与现代审美情趣于一体，将砖雕工艺引入现代建筑室内外装饰，承揽许多国家及省级重点文物保护单位的建筑砖雕及壁画制作，作品遍及国内外。砖雕作品有《琴韵图》等。

第二节
明清徽州建筑名作选介

明清时期，徽州民间许多杰出的建筑匠师历经千锤百炼，在建筑实践中积累了丰富的经验，创造了许多巧夺天工的建筑杰作。

2.8.12　北岸吴氏宗祠断桥残雪

图 2.8.13　北岸吴氏宗祠雷峰夕照、南屏晚钟

图 2.8.14　北岸吴氏宗祠苏堤春晓、三潭印月

图 2.8.15　北岸吴氏宗祠百鹿图石雕（1）

图 2.8.16　北岸吴氏宗祠百鹿图石雕（2）

图 2.8.17　北岸吴氏宗祠百鹿图石雕（3）

一、汪口俞氏宗祠和豸峰成义堂

婺源县江湾镇汪口村俞氏宗祠，建于清乾隆年间。婺源县豸峰村成义堂，又名"豸峰堂"，建于清同治年间。其两祠在构架的梁枋上施以大木雕。从前门檐口梁额枋至寝殿（包括二层）所有看面（可视面）无木不雕。婺源汪口俞氏宗祠大木雕"先有画、后有雕"，一千多幅木雕构图都不雷同。构图之巧妙，雕刻之精美，寓教育而光彩夺目，聚艺术而雅俗共赏，可见雕凿这些木雕的木雕大师真乃身怀绝技、技艺超群，惜未留下名讳。（图 2.8.1、图 2.8.2、图 2.8.3、图 2.8.4、图 2.8.5）

二、卢村木雕楼

黟县卢村木雕楼，包括志承堂、思济堂、思成堂等宅院，是卢氏三十三代传人卢帮燮早年经商，家富百万之后，于清道光年间（1821—1850 年）所建。请了雕艺高超的匠师，花 20 年时间精雕而成。木雕楼"无处不木，无木不雕，无雕不精，无精不绝"。该楼内天井一周是木匠大显身手之地，两厢连廊各一排落地格扇门，门中间小小的束腰板上雕的"岳母刺字""卧冰求鲤"等故事，雕刻精密度竟达七个层次，且"物必饰图、图必有意、意必有典、典必薪传"。如有一书生骑马进京赶考，马蹄后跟有几只蜜蜂，树上有只倒挂的黄山短尾猴相迎，寓意马上封（蜂）侯（猴）。徽风皖韵，故事传说，谐趣横生，妙在其中。又在裙板上用漫画手法雕有"陶翁醉

图 2.8.18　棠樾女祠"清懿堂"

图 2.8.19 棠樾女祠"清懿堂"门厅砖雕

图 2.8.20 棠樾女祠"清懿堂"门厅八字砖雕墙

酒"图、以荷叶饮酒寓意"长久快乐"，还有楼上天井一周拦板、挑梁头斜撑、梁柁、雀替等，木雕品目繁多，琳琅满目，成为古民居木雕艺术殿堂。（图2.8.6、图2.8.7、图2.8.8、图2.8.9）

三、龙川胡氏宗祠

龙川胡氏宗祠，坐落在绩溪县瀛洲镇龙川村。宗祠始建于宋，明嘉靖年间兵部尚书胡宗宪组织大修。今建筑主体与雕饰艺术，整体保持了明代徽派建筑风格，宗祠坐北朝南，集"三雕"及彩绘之大成，以木雕尤精。其前檐梁枋上"胡忠宪领兵出战"题材，配以梁柁、斗拱缠枝花木雕，给人以气势磅礴之感。享堂与寝殿一周各立有长格扇木雕门，享堂格扇门的裙板上以荷莲为题材，寓意深长，内容丰富。如荷与蟹谐音"和谐"，荷花与鳜鱼寓意"和为贵"等。（图2.8.10、图2.8.11）

寝殿一周为宝瓶花篮题材雕刻，寓意"平安如意"。小木雕图纹千姿百态、玲珑剔透，成为村中建筑之首。宗祠显示族人崇拜自己的祖宗，以"立祠堂务求壮丽、尽孝敬而求观瞻"的心理，让子孙牢记祖宗的功德。

四、北岸吴氏宗祠

徽州祠堂装饰各具特色，关于装饰之"最"流传有"看彩绘到呈坎；看木雕到龙川；看石栏到北岸；了解贞女节

烈到棠樾"之说。

歙县北岸吴氏宗祠天井一周石雕栏板颇具特色：前进天井栏板石雕为"西湖风景图"，后进天井一周栏板为"百鹿图"。望柱头圆雕坐狮，踏步抱鼓石圆雕倒爬狮，姿态各异，栩栩如生。（图2.8.12、图2.8.13、图2.8.14、图2.8.15、图2.8.16、图2.8.17）

栏板采用"黟县青"（玉山石）高档石材。石材浑厚粗犷，经道劲刀法磨砺，力度不凡，再以造型凝练的点、线、面雄浑组合，达到出神入化的境界，石雕精品堪称一绝。

五、棠樾清懿堂

我国大小祠堂千千万，但女祠却很少见。清懿堂女祠建于嘉庆十年（1805），由棠樾村鲍氏创建。走入祠堂内处处都可以发现雕刻精美的砖石建筑装饰，尤其是前厅八字墙上的砖雕。整面砖雕精致绚丽、细腻繁复，雕刻内容题材丰富、形象生动，构图虚实相生、主题突出，除了常见的具有象征意义的植物纹样、动物纹样和吉祥纹样，还有与女性相关的题材，加上周边的装饰线条图案，使得砖雕装饰看起来细腻精致。

歙县棠樾女祠清懿堂，仪门朝北。按传统风水观，"南阳北阴"，女祠属阴，故仪门朝北，为八字青细砖雕墙门。

八字墙砖雕照壁顶部覆盖沟滴小青

瓦，五道挑沿线下平盘枋内装有平盘斗，接下安装晓色枋、额枋、花板、下枋、雀替，清水墙脚砌筑须弥座等装饰件。这些砖雕构件组合有序，既丰富了八字墙面，又增添了立体效果。"门罩迷藻悦、照壁变雕墙"，棠樾女祠清懿堂八字门砖雕典雅华丽，使人目不暇接。（图 2.8.18、图 2.8.19、图 2.8.20）

走进徽州古村落，徜徉在古民居幽幽的窄巷中，犹如在多姿多彩的文化艺术殿堂畅游。站在高耸的马头墙下，会被徽派建筑平民艺术的色彩折服，又为雅俗共赏的"三雕"、彩画的风韵所倾倒，为古色古香的人居环境所陶醉。

上述虽是徽派建筑文化审美的主体，也是中国封建社会"重儒轻匠"观念的真实反映。明清时大量徽商外出经商，成了富商巨贾，致富发迹后荣归故里大兴土木，雇用能工巧匠造就栩栩如生、活灵活现的"三雕"、彩画。在每一块青砖的白缝中，在每一根屋橼上，在每一片瓦沟中，流淌的是徽匠吃苦耐劳、一丝不苟的工匠精神与技艺智慧。

创作这些精美绝伦艺术作品的匠师，因文化程度所限，虽身怀绝技，却未留下文字记载，仅是以师带徒"口传身授"，仅留下只言片语。

面对濒临失传的徽州建筑彩画技艺，当务之急就是进行抢救挖掘、整理、研究，并编辑专著，采取科学的保护方法，同时培养新的传承人，如此方可使"徽州建筑彩画技艺"这一非物质文化遗产流传于世、发扬光大。

编后语

徽州古建筑是中华民族建筑文化遗产中的一颗灿烂的明珠。其中，明清建筑外墙壁画与室内木构架彩绘，体现了能工巧匠的勤劳和聪明智慧，为延长木构架的使用寿命，绝妙地运用建筑彩画，使"墙不显形、屋不露材"。其在装饰图案上的尺度和比例，布局上的节奏和韵律，形象上的比喻和联想，色彩上的搭配和对比，既变化多端又协调统一，塑造了一座座实用又美观的建筑物。这些建筑物有的雄伟庄重，有的轻盈秀美，有的富丽堂皇，有的淡雅清幽，"画以屋而存、屋以画生辉"，堪称一件件大型艺术品。

徽匠历经世世代代的建筑实践，练就了精湛的建筑技艺，积累了丰富的营造经验，"以手创万物、以艺传千年"，创造了徽派民居、祠堂、牌坊等古建实体，这些珍贵的文化遗产将徽州大地点缀得更加壮丽、锦绣多姿。正是这些人文景观与自然景观的有机结合，造就了"天人合一"的优美环境。

明清徽州古建筑为人们展示了一幅写真的明清画卷，给我们塑造了一个传统的审美典范。当今人们走进徽州古巷，在那狭长的巷道中，映入眼帘的是那些饱经风霜的马头墙、石灰墙面的斑驳彩画或留下岁月刻痕的"三雕"艺术。走进室内，抬头可见木构架上的彩画，虽因年久失修而苍老剥驳褪色，但依旧以鲜明的地方特色、乡土气息，给人以美的享受和潜移默化的艺术熏陶。

这些博大精深的文化遗产，我们必须要妥善地保护、传承和研究、利用。当前黄山市政府号召学习习近平总书记考察安徽的重要讲话精神，出台了《关于促进徽派古建产业高质量发展的实施意见》，要立足徽派古建筑的历史地位，传承文化经典，推动创新融合发展新征程，使文物在保护中传承，让文物活起来。

我是土生土长的徽州人，出生于木匠梓里，自祖父与岳父两家三代都以大木（房屋营造的木匠）为业，受匠事影响颇深。如今作为徽派彩绘壁画的代表性传承人，热衷于徽派传统建筑文化探索研究，并通过培训、授课为社会培养技术人才，我的儿子和孙子也对徽派建筑产生了浓厚的兴趣，并参与到相关研究中，成为非遗传承人。在建设美丽中国的今天，古建行业迎来空前大好的发展机遇，为了顺应当今弘扬徽派建筑文化潮流，为使彩画技艺火种不致熄灭，徽州人研究徽州文化，徽州人写徽州民居，我与儿子姚学军、孙子姚龙飞合编《徽派建筑彩绘传统技艺》一书，为传承古建事业添砖加瓦。

本书既不是建筑史，也不是建筑理论，而是一本老老实实、认认真真的徽派民居外墙彩画与室内木构彩绘施工"工法"。希望不光是业内人士，甚至连小学生见了也会感兴趣，如果能使读者萌发对徽派古建的兴趣我就心满意足矣。

本书得到了许多匠师长辈的指点，及本地文物部门同人提点与关照，其中有方兆斌（90岁高龄），他对徽派建筑营造有资深经验，给我提供了"徽州帮"匠事资料。本书还广泛吸取各地专家学者的宝贵经验，特别是得到了徽文化摄影专家李俊师友的鼎力支持，他还提供了诸多摄影照片，为本书花费了诸多心血。在此一并感谢！

姚光钰

参 考 书 目

* * *

曹永沛：《徽州古建筑马头墙的种类构造与做法》，《古建园林技术》1990 年第 4 期。

陈薇：《江南明式彩画制作工序》，《古建园林技术》1989 年第 3 期。

樊炎冰：《中国徽派建筑》，北京：中国建筑工业出版社，2012。

何伟俊:《徽州地区明代古建筑彩画传统制作工艺研究》,《南京艺术学院学报》2010年第4期。

华德韩：《东阳木雕》，杭州：浙江摄影出版社，2000。

蒋广全：《中国传统建筑彩画讲座——第一讲：中国建筑彩画发展史简述》,《古建园林技术》2013 年第 3 期。

蒋广全:《中国传统建筑彩画讲座——第二讲: 传统建筑彩画的颜材料成分、沿革、色彩代号、颜材料调配技术及防毒知识》，《古建园林技术》2013 年第 4 期。

蒋广全:《中国传统建筑彩画讲座——第三讲: 旋子彩画》,《古建园林技术》2014 年第 1 期。

蒋广全：《中国传统建筑彩画讲座——第四讲：和玺彩画（上）》，《古建园林技术》2014 年第 3 期。

蒋广全：《中国传统建筑彩画讲座——第四讲：和玺彩画（下）》，《古建园林技术》2014 年第 4 期。

李飞、钱明：《中国徽州木雕》，南京：江苏美术出版社，2013。

刘红超：《北京故宫咸安门旧彩画修复工艺》，《古建园林技术》2015 年第 2 期。

吕松云、刘诗中：《中国古代建筑辞典》，北京：中国书店，1992。

尚钺：《中国历史纲要》（修订本），北京：人民出版社，1980。

邵国椰：《明清徽州古民居的演变》，载黄山市徽州文化研究院编《徽州文化研究（第二辑）》，合肥：安徽人民出版社，2004，第 179 页。

（明）午荣汇编，易金木译注：《鲁班经》，北京：华文出版社，2007。

杨鸿勋：《中国早期建筑的发展》，载山西省古建筑保护研究所编《中国古建筑学术讲座文集》，北京：中国展望出版社，1986。

姚光钰：《古徽祠堂建筑风格浅谈》，《古建园林技术》1998 年第 2 期。

姚光钰：《徽派古建民居彩画》，《古建园林技术》1985 年第 2 期。

姚光钰：《徽式砖雕门楼》，《古建园林技术》1989 年第 1 期。

朱穗敏：《徽州传统建筑彩绘工艺与保护技术研究》，东南大学硕士论文。

庄裕光、胡石主编：《中国古代建筑装饰 . 彩画》，南京：江苏美术出版社，2007。

（宋）李诫：《营造法式》三十三、三十四卷彩画图样、本文图样（选自 1919 年"陶湘仿宋刊本"），北京：中国书店。